드론
촬영의 이해
이론, 실전, 법제

임종수 · 유창범 · 정지범 · 윤기웅 공저

21세기사

PREFACE

드론, 막힘없는 창의성의 기술

2018년 평창 동계올림픽은 '드론 오륜기'의 이미지로 또렷이 기억될 것이다. 드론 영상으로만 꾸몄던 2016년 리우올림픽 개막 영상에 이어 드론 오륜기 퍼포먼스까지 성공함으로써 드론은 올림픽의 역동성을 표현하는 가장 적합한 미디어임이 입증되었다. 1,000개가 넘는 드론이 일사불란하게 자신의 위치와 운동을 조절하며 군집비행을 하는 것을 보고 있노라면 대기가 하나의 캔버스 같다는 생각을 떨칠 수 없다. 그렇다. 드론은 단순히 무인 비행에 그치는 것이 아니다. 드론은 날기와 함께 촬영, 폭격, 구조, 탐사, 농경 심지어 애완견을 산책시키기도 한다. 1985년 영화 *Back to the Future2*에서 사건 현장에 나타나 취재하는 USA Today 드론과 주인공 마티가 미래의 자기집으로 방문하는 장면에서 보였던 산책시키는 드론은 30년이 지난 지금 곳곳에서 현실이 되고 있다.

3차원 입체공간에서의 역동성은 기술 중심의 드론 공학을 넘어 드론 예술, 드론 스포츠, 드론 구조, 드론 감시 등과 병행하는 드론 촬영의 세계를 내포하고 있다. 드론 촬영은 기존의 영상촬영과의 관계 하에서 독자적인 영역을 구축하고 있다. 아직 이 분야가 명시적으로 정의된 것은 아니지만 입체적 공간에서의 드론 촬영이 가지는 독자적인 과정에 대해 관심을 가질 이유는 충분히 있어 보인다. 드론의 역동적 운동은 어떤 논리로 얻어지며, 그런 운동이 빚어내는 미디어적 수행성은 어떤 문화적 결과를 초래하는가? 드론 영상커뮤니케이션을 구성하고 있는 생산과정과 그 생산물, 수용의 효과, 그에 파생되는 사회제도적 문제들은 어떻게 맵핑될 수 있는가? 드론 촬영과 관련된 이슈가 즐비하지만 우리는 드론을 잘 모른다.

[그림 1] 상상 속의 드론과 현실의 드론

세상에는 수많은 기술이 있지만 기술 그 자체는 물론이거니와 산업과 경제, 일상적 삶과 문화 등 전체 사회의 판을 바꾸는 기술, 이른바 파괴적 기술(disruptive technology)은 흔치 않다. 기존 시장과 산업의 연장선상에서 작용하는 것을 존속적 기술이라고 한다면, 파괴적 기술은 기존 산업의 판이 되는 기술을 완전히 대체하거나 기존 산업의 근간을 근본적으로 건드려 완전히 새로운 산업 환경과 질서를 창출해내는 기술이다(Christensen, 1997). 증기기관과 전기, 컨베이어 벨트가 그랬다. 지금은 구글과 아마존, 우버와 함께 드론이 그러하다.

그런 만큼 드론은 중요하다. 드론을 무인으로 비행하고, 물건을 운반하며, 촬영을 하는 기계에 지나지 않는다고 생각할 지도 모른다. 하지만 그같은 드론이 경제구조는 물론 인류의 사고방식과 윤리의식, 삶의 방식마저 바꿀 수 있다. 왜냐하면 비행체로서 움직임은 더욱 민첩해지고, 무엇이든지 장착할 수 있으며, 보고 듣고, 언젠가는 냄새까지 맡을 수 있는 고도의 미디어로 진화할 수 있는 파괴성을 내재해 있기 때문이다. 드론은 인간에게 주어진 어떤 일도 해낼 수 있는 플랫폼이자 그 자체로 콘텐츠가 될 수 있다.

[그림 2] 2018 평창동계올림픽 개막식에서의 드론쇼

이같은 특징으로 인해 드론은 '막임없는 창의성'(unlocking creativity)의 기술로 불리기도 한다(Cunningham, 2015). 3차원 세계를 살면서도 지표면에 묶여 있는 인간이 펼칠 수 있는 상상력은 입체공간을 자유로이 넘나드는 드론으로 인해 훨씬 더 큰 지평으로 확대되었다. 드론은 인간이 상상하는 만큼 실현해 준다고 해도 과언이 아니다. 이동을 위해서는 자동차가, 배달을 위해서는 우편시스템과 우체부가, 취재를 위해서는 기자와 카메라가, 낚시를 위해서는 낚시장비가, 고층빌딩 청소를 위해서는 리프트와 청소부가 필요했지만 드론은 이 모든 것을 수행해낼 수 있다. 드론 자체의 유연한 진화와 거기에 다양한 임베디드 기술이 결합할 수 있기 때문이다. 지금도 유튜브에서는 인간의 상상들이 드론을 통해 현실이 되는 갖가지 사례들을 쉽게 목격할 수 있다. 드론이 고층빌딩 창문을 닦을 수 있을까? 본문에서 소개할 '버티고'(VertiGo)라는 일명 스파이더 로봇 드론은 스파이더맨처럼 수직 벽을 자유자재로 다닐 수 있다. 드론의 프로펠러 조작으로 중력을 이겨내고 수직 벽에 버티고 붙을 수 있기 때문이다. 여기에 청소를 위한 기술을 결합시키면 어떻게 될까?

막힘없는 창의성의 기술로서 드론의 특성은 현실 공간의 증강(augment)에 있다(임종수, 2017). 평창올림픽 사례가 보여 주듯이, 드론은 지표면에서 대기로 향해 있는 '3차원 입체공간'에서 활동하는 '현실증강'의 기계이다. 스마트폰이 매개적 미디어로서 증강된 현실을 제공했다면, 드론은 현실 자체의 증강으로 인간의 삶의 영역을 3차원 공간으로 확장시켰다. 스마트폰이 콘텐츠, 네트워크와 같은 미디어 시스템뿐만 아니라 인간의 삶의 방식을 바꾸었듯이 드론 역시 마찬가지이다. 중력으로부터 벗어난 3차원 공간은 사실 인간이 미치지 못한 곳이었다. 드물게 비행기나 인공위성이 이곳을 점유해 왔지만, 어디까지나 제한된 이동과 전파활동에 국한된 것이었다. 그런 활동마저 허가된 조직에 한정되어 있었다. 하지만 드론은 누구라도 3차원 입체공간으로 증강할 수 있게 해 준다. 이로써 드론은 하늘 위 상상을 현실이 되게 했다.

그런 만큼 드론은 경제 전반에 광범위한 영향력을 행사할 수 있다. 미국 방산 전문 컨설팅 기업인 '틸 그룹'(Teal Group)은 향후 10년간 세계 항공우주산업 중 무인 항공기가 가장 역동적인 성장세를 보일 것으로 진단했다. 2016년 47억 달러였던 드론 시장 규모가 2024년에는 150억 달러에 이를 것으로 예상했다. 최근 컨설팅 기업인 PwC가 발표한 바에 따르면, 드론은 기반시설과 농업 분야에 가장 큰 영향력을 가질 것으로 나타났다(강희종, 2016). 인프라 분야에 452억달러, 농업 분야가 324억 달러였다. 이와 더불어 상품 배송이나 물류 등 교통 분야가 130억 달러, 보안 분야 105억 달러였고, 영화 및 광고제작 등 엔터테인먼트/미디어 분야는 88억 달러의 가치가 있는 것으로 분석됐다. 그 외에 보험 분야가 68억 달러, 통신 분야가 63억 달러, 광업 분야가 43억 달러로 추산됐다.

이 같은 잠재력에도 불구하고 우리는 아직 드론에 대해 제대로 알지 못한다. 근래 드론에 관한 책들이 속속 출간되고 있지만 드론을 통찰력있게 고찰할 수 있게 해주는 연구서는 없다. 가장 많이는 드론 관련 기술을 소개하는 공학 계열의 교재가 눈에 띈다. 그 외에 드론의 가치와 잠재력에 관한 제언(편석준·최기영·이정용, 2015) 드론을 촬영도구로 특화시킨 고찰(이희영·이정우, 2015), 경제적 측면에서 드론 비즈니스의 가능성과 실현방향(고바야시 아키히토/배성인 역, 2015; 이원영·이상우·테크홀릭, 2015) 등이 있지만 아직까지 입문서 수준이다. 최근에는 드론 자격증에 관한 교재가 우후죽순격으로 출간되고 있다. 드론을 영상촬영의 관점에서 해명하는 작업은 아직 없다.

드론 영상촬영의 이해를 위하여

이 책은 본격적인 드론 학습을 위한 교재임과 동시에 교양서이다. 이 책이 관심 두는 것은 드론 기술 자체가 아니다. 그보다 인간이 드론을 어떻게 활용하는지, 즉 드론이 어떤 문화기술(cultural technology)로 인간 곁에서 자리매김하고 있는지에 주목한다. 이를 위해 이 책은 크게 세 부문으로 나눠진다. 첫 번째는 막힘없는 창의성의 기술인 영상드론의 촬영행위를 바라보는 시각을 개념화하는 것이다. 문화기술로서 드론을 과학적으로 정의하는 것이 목표이다. 여기에서는 자동력의 운동체인 드론의 기계론적, 운동학적 속성이 설명된다. 그 위에서 미디어(media)로서, 물류(logistics)로서, 비행체(aircraft)로서 드론의 활용성을 고찰한다. 이를 통해 기술로서, 기계로서, 표현장치로서 드론의 미디어적 성격에 대한 문제를 제시한다.

이는 자연스럽게 두 번째와 세 번째 주제인 드론의 활용사례와 법제적 논의로 이어진다. 두 번째는 드론의 실제 활용사례로서 가장 중요한 비행과 촬영에 관한 것이다. 위에서 살펴본 것처럼 드론으로 할 수 있는 것은 수없이 다양하지만 그러기 위해서는 드론 비행의 기본원리와 숙련이 필요하다. 그리고 문화 기술로서 가장 매력적인 촬영과 영상문법에 관한 이해와 설명이 요구된다. 드론 촬영 노하우나 특성, 영상문법의 특수성 등 아직까지 드론이 카메라와 결합하여 작동하는 실질적 미디어로서의 해명이 없었다. 이 장은 실질적인 시각표현 미디어(visible media)로서 드론과, 그런 시각 미디어를 통한 영상커뮤니케이션(visual communication)적 측면을 설명할 것이다.

마지막 세 번째는 드론의 법제도적 측면을 다룬다. 3차원 공간을 점유하는 드론은 여러 가지 법적 이슈를 유발한다. 재산권 침해와 같은 사법적 측면은 물론 공격, 테러, 감시와 같은 공법적 측면의 이슈도 있다. 더욱이 물류든 영상이든 농경, 통신 등 그 무엇이든 드론이 산업적으로 활용하려면 법과 제도적 안착이 반드시 병행되어야 한다. 이에 대한 논의는 이제 막 시작단계라 해도 좋다. 기존의 법제를 재해석할 수도 있고 새로운 법제를 만들 수도 있다. 이 장에서는 드론의 규제 패러다임과 함께 다양한 분야에서 논의되는 법제도적 이슈, 그리고 지금까지의 법제를 고찰한다.

드론을 학습하는 것은 일면 자동차 운전면허를 따는 것과 유사하다. 자동차의 기술적 속성을 일일이 알 필요가 없듯이 우리는 드론 기술을 속속들이 알 필요가 없다. 드론을 띄우고 촬영하기 위해서는 드론의 기본원리 정도만 알면 된다. 그것만으로도 드론 비행(운전)의 원리를 알고 사고없이 운행할 수 있다. 앞으로 점점 더 많아질 드론은 자동차가 그랬듯이 사회적 제도의 틀에서 운용되어야 한다. 이는 곧 법제와 연결된다. 자동차운전면허 시험에 교통법규가 들어있는 것처럼 드론을 운용할 사람은 반드시 드론 관련 법제를 이해해야 한다. 자동차운전면허시험이 이원적 능력, 즉 자동차의 기본원리와 법규, 실제 주행능력을 요구하듯이, 드론을 배운다는 것은 드론 고유의 기술적 원리와 법규, 실제 주행능력(거기에다 촬영능력까지)을 익히는 일이다. 특별히 이 책은 영상커뮤니케이션적 장치로서 드론에 대한 과학적 해명과 실무적 조작, 법제도적 이해를 통해 장차 있을 드론 미디어학의 기초가 되고자 한다.

2019년 1월

저자 일동

CONTENTS

PART 3   드론과 인간: 법과 제도

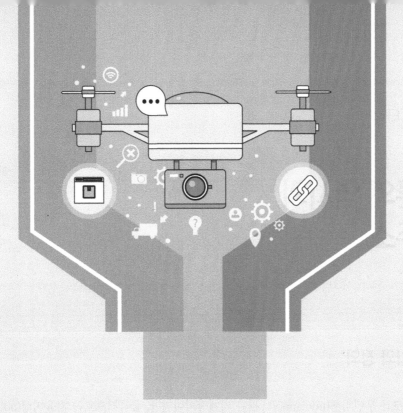

PART 1

드론 입문: 미디어, 물류, 비행체

CHAPTER 1

드론의 역사와
현주소

1. 역사와 정의

드론은 모든 무인비행(unmanned pilot) 기계장치이지만, 궁극적으로는 자율비행(autopilot)으로 진화하고 있다. 증강현실 기술의 발달로 드론 비행이 기계적 조작이 아닌 지도상의 좌표와 비행체 주변의 환경에 따라 '자율적으로' 비행하는 개념으로 바뀌고 있기 때문이다. 지금 드론은 사람이 드론 비행체를 육안으로 보면서 조정하는 낮은 단계에서 드론의 비행궤적을 AR 장비와 연결하여 인간의 의지대로 비행하거나 촬영하는 드론, 특정한 장애물을 인지하여 스스로 주행하는 드론 등 고도화된 상태로 진화하고 있다. 비행 자체만 보더라도 드론은 착륙과 이륙에 높은 전문성과 복잡한 시스템을 요구했던 기존의 비행 체계와 달리 극단적이리만큼 단순화된 이착륙 시스템과 제도를 특징으로 하고 있다.

[그림 1] AR 드론

드론은 또한 막힘없는 상상력이 함의하듯, 꼭 하늘을 나는 비행만을 고집하지 않는다. 하늘은 물론, 길이나 바닥, 벽, 천정 등 드론은 어느 곳에서도 활동할 수 있다. 실제로 벽을 타는 드론이 개발됐다. 어린이 애니메이션 제작사인 디즈니사가 개발한 직각 벽에서도 떨어지지 않고 잘 버티는 '버티고'(VertiGo), 일명 '스파이더 로봇'이 그것이다. 2015년 연말에 소개된 이 로봇은 디즈니 취리히연구소와 취리히스위스연방공대(ETH) 연구진이 공동으로 개발했다. 스파이더맨처럼 흡착 방식이 아닌 바퀴를 이용한다. 수직벽에서 떨어지지 않는 것은 프로펠러의 추진력으로 로봇에 가해지는 중력을 이겨내기 때문이다. 즉 프로펠러의 추진력과 로봇의 중량 사이에 균형을 맞추면서 바퀴로 이동하는 것이다. 강철보다 강하지만 무게는 훨씬 가벼운 탄소섬유 소재와 3D 프린팅 방식으로 제조했다. 그렇게 보면 드론의 활동반경은 허공으로 제한되지 않고 모든 공간을 포함한다.

[그림 2] 버티고(VertiGo), 일명 스파이더 로봇

프로펠러는 버티고가 드론의 한 변형태임을 증명한다. 프로펠러의 추진력이 주로 드론을 공중으로 들어올리는 데 이용되었다면, 스파이더 로봇의 그것은 드론의 몸체를 어떤 지지물에 지탱할 수 있게 하는데 이용된다. 따라서 이론적으로는 천장에 매달리는 것도 가능하다. 두 개의 프로펠러 중 앞쪽 프로펠러는 로봇을 위로 끌어올리는 역할을 한다. 4개의 바퀴 중 2개는 자동차 핸들처럼 움직여 이동 방향을 조정한다. 버티고에는 또 2개의 적외선 원거리 센서가 장착돼 있어 땅과 벽을 구분해낸다. 이 센서로 인해 로봇이 지상을 달리다 벽을 만나면 벽을 타고 오를 수 있다. 물론 그 반대도 가능하다. 장난감 자동차처럼 무선 콘트롤러를 이용해 조종한다.

드론의 '무인' 비행 개념도 무너지고 있다. 드론 기술에 입각한 유인 비행체가 등장했다. 2016년 CES에서 처음 선보인 Ehang 184 드론이 그것이다. Ehang은 중국 소재의 제조사명을, 184는 한 명의 탑승자(1), 8개의 프로펠러(8), 네 개의 팔(4)을 의미한다. 이 유인 드론은 전형적인 비행기나 헬리콥터처럼 사람이 직접 비행조정을 하지 않는다. 개념적으로는 비행 기술이 전무해도 가능하다. 드론 비행체에 탑재된 비행 조정패드에 비행계획을 세팅한 뒤 이륙과 착륙 두 명령만으로 비행할 수 있게 디자인되어 있기 때문이다. 비행 네비게이션 소프트웨어만으로 비행은 물론 이착륙도 가능한 것이다. 그래서 공식 명칭도 이항 184 자동 드론(Ehang 184 Autonomous Drone)이다.

[그림 3] 최초의 유인 드론 Ehang 184

이 드론은 142마력의 힘으로 최대 100kg을 싣고 시속 100km까지 날 수 있다. 2시간 충전으로 23분 정도 비행 가능하다. 고도는 최대 3,500m까지 올라갈 수 있다. 전원 장치는 복수로 탑재되어 있어 하나가 고장 나더라도 안전에 문제가 없게 했다. 사람이 타는 기기이기 때문에 여러 가지 안전장치를 탑재했다는 것이다. Ehang이 하늘을 나는 모습은 영화 〈블레이드 러너〉(1982)가 상상한 2019년 현재의 모습과 놀랍도록 닮아있다.

[그림 4] 유인 드론이 도심을 비행하는 모습

[그림 5] 도심을 비행하는 드론(영화 <블레이드 러너> 중에서)

드론은 언제부터 시작됐을까? 무인 비행체로서 드론에 관한 기원은 레오나르도 다빈치의 헬리콥터 구상으로까지 거슬러 올라간다. 하지만 현실적으로 그 사용성의 흔적을 보면 19세기 중반 오스트리아가 대형 무인 풍선에 폭탄을 실어 베니스를 폭격한 사례를 찾을 수 있다. 물론 조악한 비행기술과 바람 등으로 성공적이지는 못했다. 통신기술을 이용한 본격적인 드론은 1차세계대전 오늘날 크루즈 미사일 개념의 시원이라 할 수 있는 에어리얼 토피도(Aerial Torpedoes)이다. 이는 곧 미군으로 인수되어 1918년 케터링 버그(Kettering Bug)라는 진일보한 무인 폭격기 개발로 이어졌다. 커터링 버그는 약 80km를 날아가 날개와 동체가 분리되어 동체 폭탄으로 목표물을 타격하는 방식이었다. 이는 에디슨의 직류전기 방식에 대비되는 교류전기 방식과 고전압 고주파 발생기인 테슬라 코일로 유명한 니콜라 테슬라(Nikola Tesla, 1856-1943)의 무인항공기 이론에 힘입은 것이다(자율주행차로 이름높은 그 테슬라이다). 고주파 권위자였던 테슬라는 직접 고안한 레이더와 무선통신 원리를 이용해 원격조정이 가능한 항공기를 만들 것을 제안했다. 1차세계대전 당시 조악한 비행기술로 인해 빈번히 죽어나간 조종사의 인명피해를 줄이기 위해서였다. 하지만 나무기체에 명중률도 낮아 실험을 거듭하던 와중에 1차세계대전이 끝나 실전에 투입되지는 못했다.

[그림 6] 다빈치의 헬리콥터 구상

[그림 7] 케터링 버그 실제 모습

이후 무인항공기 개념은 전투기나 폭격기가 아닌 정찰기의 발전에 크게 기여했다. 적 기지 가까이에서 관련 정보를 채취해야 하는 정찰기의 특성상 눈에 띄지 않을 정도로 작고 혹시 발각이 되더라도 인명 피해가 없어야 했기 때문에 무인항공기가 최적이었다. 점점 더 요새 화된 적 기지에 다가가 폭격해야 하는 폭격기 역시 마찬가지였다. 드론 정찰기가 촬영과 센 서 등 드론의 정보수집 기술을 발전시켜왔다면, 드론 폭격기는 정밀한 타격을 위해 위치 인 식과 원격조정의 기술을 발전시켜 왔다. 이로써 드론 전쟁술(drone warfare)이라는 육체없 는 전쟁, 군인이 아닌 관료의 전쟁과 같이 역사적으로 완전히 다른 개념의 전쟁을 낳았다 (Asaro, 2013; Gregory, 2011). 살상과 전쟁의 개념이 인간에 의한 인간의 파괴가 아닌 기계 에 의한 인간의 파괴로 변질되고 있는 것이다. 1995년 선보인 MQ-1 프레데터는 그런 드론 전쟁술의 공포를 불러일으키는 대표적인 이미지가 되고 있다.

[그림 8] 드론 MQ-1 프레데터

드론이 대중화된 데에는 정교한 비행기술과 촬영기술을 확보한 DJI사의 드론이 보급되면서 부터이다. 2011년 유튜브를 통해 안정적인 드론 촬영이 가능하다는 것을 선보인 이래 DJI는 '드론계의 애플'이라는 별칭으로 드론산업을 선도하고 있다. 그 중에서도 'DJI 팬텀'은 일상 생활에서 활용되는 드론의 표준 모델이라 할 정도로 향후 드론 개발과 양식의 준거점이 되었다. 평행을 유지하고 흔들림을 상쇄시켜주는 짐벌과 자이로스코프 기술은 물론 UHD 촬영까지 지원하는 영상기술, 원위치로 돌아오는 Back Home 기술, 손쉬운 조작방식 등은 드론 영상 시장을 크게 진일보시켰다.

[그림 9] DJI 팬텀3 프로페셔널

최근에는 프로펠러 없는 드론 시제품이 개발되고 있다. 프로펠러 대신 구멍이 뚫린 여러 장의 디스크를 회전시켜 추진력을 얻는 무음송풍장치 기술이 그것이다. 앞서 언급한 테슬라가 100여년전 개발한 '테슬라 터빈'을 원천기술로 하여 드론에 적용한 경우이다. 이 시도가 성공한다면 드론은 프로펠러 바람소리로부터 자유로워질 수 있을 뿐만 아니라 비나 바람으로부터도 자유로울 수 있게 됐다. '조용한' 드론은 군사적으로나 상업적으로 더 많은 상상력을 낳는다. 그런 만큼 더 많은 윤리적, 법제적 이슈도 낳는다.

<표 1> 구동 형태에 따른 드론의 종류

	고정익	회전익	틸트로터
형태	일반 비행기처럼 추력을 통해 고정된 날개로 양력을 얻어 비행	프로펠러의 회전에 의해 양력과 추력을 얻어 비행	회전날개를 기울일 수 있도록 고안되어 수직 이착륙과 수평 고속 비행 가능
특징	고효율, 고속비행 군사용으로 많이 사용	저효율, 저속비행 항공촬영, 감시	비행능력 우수, 고비용 함상용, 감시용
예시	프레데터	DJI 팬덤	아마존 택배드론

드론은 구동방식에 따라 크게 고정익과 회전익, 그리고 고정익과 회전익을 결합시킨 혼합형 틸트로터로 구분된다. 고정익은 추력과 양력이 분리된 것으로 추력의 가속력이 고정된 날개의 양력과 어우러져 비행을 하는 원리이다. 정교한 비행은 상대적으로 힘들지만 바람의 저항이 최소화되어 고속력과 고효율적이어서 군사용으로 많이 이용된다. 대표적으로 프로데터가 있다. 회전익은 헬리콥터처럼 프로펠러의 회전으로 양력을 얻은 후 회전의 조정을 통해 추력을 발생시킨다. 고정익처럼 고속을 낼 수 없고 고효율적이지도 않지만 정교한 비행이 가능하기 때문에 항공촬영에 많이 이용된다. 제작비용도 저렴하여 일반 상업적 드론에 가장 많이 채택되는 드론 형태이다. 틸트로터는 혼합형으로서 회전날개의 기울임으로 수직 이착륙과 수평 고속비행이 가능하다. 고정익처럼 비행능력이 우수하여 군사용으로 많이 사용되지만 고비용인 것인 단점이다.

2. 드론 활용의 현주소

맑은 바닷물의 포말이 하얗게 인다. 그곳으로 젊은 남녀들이 헤엄쳐들어 간다. 비치발리볼, 풋살, 농구, 조정, 사이클링 등 역동적인 스포츠 활동이 이어진다. 이 모든 장면은 저 멀리 하늘에서 본 것들이다. 2016년 8월 6일 리우올림픽은 전 세계에 드론으로만 만든 올림픽 개막식 오프닝 영상을 공개했다. 이 콘텐츠는 드론 영상이 얼마나 새로운 미학적 세계를 표현할 수 있는지를 극적으로 보여주었다. 이후 드론은 2018년 평창동계올림픽에서 보듯이 표현의 수단에서 스스로 표현의 주체로 진일보했다. 올림픽과 월드컵이 미디어의 발전과 함께 해 온 것을 염두에 보면 이제 드론은 가능성을 넘어 일상적 활용의 시대에 이르고 있다.

[그림 10] 2016 브라질 리우올림픽 개막영상

http://sports.news.naver.com/rio2016/vod/index.nhn?listType=total&id=220328

드론의 활용분야는 군사 목적에서 점차 벗어나 민간/상업분야로 그 범위를 넓혀가는 추세다. 민간에서의 드론 활용은 무궁무진하다. 하지만 개별적인 상상력에 의한 활용이 하나의 제도로 정착하기 위해서는 시스템이 구축되어야 한다. 시스템 영역에서 볼 때 드론 비즈니스는 배송시스템, 건설 시스템, 경비 시스템, 자산관리 시스템 등으로 구분될 수도 있다(고바야시 아키히토/배성인 역, 2015). 드론 하나만으로는 어떤 개인의 취미 그 이상의 산업적 활용을 넘어서지 못하기 때문이다. 드론을 매개로 한 인간활동의 구조화가 있어야 하고 이를 뒷받침하는 법과 제도가 있어야 한다. 이 절에서는 드론을 활용한 다양한 인간활동을 고찰한다. 드론활용의 현주소를 들여다봄으로써 향후 드론이 몰고올 사회변화의 향방을 가늠해볼 수 있기 때문이다. 물류, 정보통신, 방송/영화 촬영, 재해예방과 대기관측, 교통상황관측, 치안, 농경과 목축 등이 대표로 들 수 있다.

(1) 물류

드론의 활용은 택배 등의 물류분야에서 주도할 것으로 보인다. 대표적으로 아마존이 '프라임 에어'라는 '30분 이내 배달 서비스'를 제공하기 위해 드론을 사용할 것임을 밝혔고, 2015년 서비스 상용화를 목표로 현재 미 연방항공청(FAA)에 승인을 요청한 결과, 2015년 3월19일 실험적 감항증명(항공기를 안전하게 비행할 수 있는 성능을 갖췄음을 증명하는 허가서)을 받았다. 이에 따라 프라임 에어는 주간에 고도 400피트(121미터) 이하에서 허가장을 가진 조종사가 원격으로 드론을 조종할 수 있게 하는 예비 가이드라인이 발급됐다. 이 가이드라인은 또한 비행횟수와 비행시간, 하드웨어 및 소프트웨어 고장기록, 통신유실기록 등 비행관련 정보를 매달 연방항공청에 보고하도록 했다.

하지만 물류배송 사업은 안전과 결부되어 있어 그 진척이 생각보다 느린 편이다. 드론 배송에 적극적인 미국의 경우 2015년 7월 18일 버지니아주 어느 농촌보건소에 의료물품을 배달한 것이 연방정부의 허가 하에서 드론을 운용한 첫 사례로 꼽힌다(Vanian, 2015). 상업적으로는 2016년 7월11일 미국 네바다 주 리노시의 한 편의점이 1.6km 떨어진 가정집에 샌드위치와 커피 등을 배달하는 것으로 첫 서막을 열었다. 시범 서비스가 아니라 본격적인 상업적 활용의 첫 사례이다. 이는 미 연방항공청이 2016년 6월21일 상업용 드론 운영규칙인 소형 무인항공기규정(The Small Unmanned Aircraft Rule)을 발표하여 드론의 상업적 운용의 발판을 마련한 것에 힘입은 바 크다. 이 규칙에 따르면 상업용 드론은 55파운드(25kg) 미만이어야 하며, 드론 조종자 또는 보조자의 육안으로 볼 수 있는 시야에서 운용되어야 하며, 최대 고도는 지상으로부터 400피트(122미터) 또는 구조물로부터 400피트, 최고 속도는 100마일(161km)이다. 최소 기상 가시거리는 드론 스테이션으로부터 3마일(4.8km)이다. 이 규정은 육안 바깥 또는 원거리 배송이 불가피한 배송 시스템에는 적합하지 않다. 미 항공청은 규정 개정을 고려 중에 있다.

[그림 11] 정부 허가 하의 첫 드론 배달 서비스(@Reno, Nevada)
https://www.youtube.com/watch?v=SEzbta12VmA

한편 아랍에미리트는 지문과 안구 인식 시스템을 탑재한 드론으로 정부문서를 배송하면서 세계 최초로 정부 행정 서비스에 무인 항공기 드론을 투입한 국가가 됐다. UAE 정부는 두바이에서 2014년 2월부터 6개월 동안 시험 비행을 실시해 배송 시스템의 능력이 어느 정도이며, 어떤 서비스가 가능하고, 얼마나 멀리 배달 서비스가 가능할지를 실험했고, 결과 데이터를 기반으로 2014년부터 본격적으로 드론 운송 서비스에 나섰다.

(2) 정보통신

정보통신 분야에서 드론을 활용하는 사례는 구글과 페이스북이 선도적이다. 구글은 '룬'(Loon) 프로젝트를 진행 중인데, 옥토콥터(8개의 프로펠러를 이용한 헬리콥터 형태의 드론)와 같이 동력을 갖춘 기존의 드론으로 하는 것이 아니라 성층권에 풍선과도 같은 열기구를 띄워 인터넷 인프라가 갖춰지지 않은 오지나 극지에 인터넷을 보급한다. 이 열기구는 바람과 날씨의 영향을 거의 받지 않는 성층권에서 전 세계를 비행하며 무선 인터넷을 보급한다.

[그림 12] 구글의 loon 프로젝트

https://www.youtube.com/watch?v=OFGW2sZsUiQ

영국의 드론 업체 애센타를 인수한 페이스북은 드론과 인공위성, 레이저빔을 활용해 사막과 같은 오지에서도 인터넷이 가능하도록 돕는 기술을 개발 중이다. 페이스북의 무인기는 태양광 전지를 탑재해 인터넷이 되지 않는 오지 상공에서 머물며 와이파이 공유기 역할을 한다. 페이스북은 약 11,000여대의 드론을 띄운다는 계획을 세웠다. 주파수 중계 장비를 탑재한 무인기만 띄워놓으면 정글, 사막 등의 오지는 물론 아프리카처럼 낙후된 지역에서도 인터넷에 손쉽게 연결하는 것이 가능하다.

(3) 방송/영화 등의 특수 촬영

미국 로스앤젤레스의 '파이어파이트'라는 영화, 영상 제작회사의 전문가들이 'Bigger than life'라는 프로젝트를 통해 사람들이 쉽게 접근하기 힘든 동굴의 깊은 곳에 '쿼드콥터(4개의 프로펠러를 이용한 헬리콥터 형태의 드론)'를 보내 탐색하게 했고, 실제 신비로운 분위기의 얼음 동굴을 영상으로 담아내는 데 성공했다. 이 얼음 동굴은 멘덴홀 빙하 내부에 위치하며 4일에 걸친 촬영 기간 동안 19km에 달하는 동굴을 탐사했다. 방송과 영화를 포함한 영상제작 장비로서 드론의 활용은 영상드론 면에서 그 가능성이 무궁무진하다. 이에 대해서는 5장에서 자세히 다룬다.

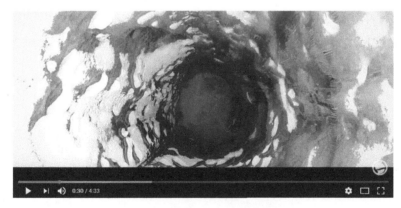

[그림 13] Bigger than life 영상
http://youtu.be/zu2bGBcWHvE

(4) 교통 상황 관측

프랑스의 르노 자동차가 드론을 장착한 콘셉트 카 '크위드'를 인도에서 열린 '뉴델리 오토 엑스포'에 출품해 호평을 얻었다. '플라잉 컴패니언'이라 이름 붙인 소형 헬기처럼 생긴 드론이 차량의 천장에 숨었다가 필요시 나와서 교통 체중 상황을 파악하고 운전 시에 주의해야 할 점을 운전자에게 전송한다. 사실 교통 상황 체크는 물론 교통 통제에 드론을 활용하는 것은 이제 낯선 일이 아니다. 한국에서도 드론으로 고속도로 도로상황 체크는 물론 불법행위를 감시하기도 한다.

[그림 14] 드론을 통한 도로상황 제어

https://www.youtube.com/watch?v=sFbayH5GGp0

(5) 재해 관측

2011년 동일본 대지진으로 후쿠시마 원전에서 대량의 방사능이 누출됐을 당시 미국의 군사용 무인 항공기 '글로벌호크'가 원전시설에 접근해 적외선 카메라로 발전소 내부를 들여다보고 각 시설의 온도를 포함한 정보를 파악했다. 이 정보는 일본이 방사능 수습 계획을 수립하는데 도움이 되었다. 우리나라 소방방재청에서도 열과 연기를 자동으로 인식해 산불 발생 지점을 확인하고 소방대원들에게 이를 알려줘 빠른 초동대처가 가능하게끔 지능형 CCTV를 장착한 드론을 도입하고 있다.

[그림 15] 소형 드론으로 찍은 파괴된 후쿠시마 원전(2011년 3월)

https://www.youtube.com/watch?v=8iVgXaVjiIE

(6) 범죄자 추적과 치안

영화 〈배트맨〉에 등장하는 고담시의 원형인 뉴욕시가 치안용 CCTV를 장착한 드론을 운행하겠다는 구상을 밝혔다. 2013년 3월 마이클 블룸버그 뉴욕 시장이 향후 5년 내에 뉴욕시의 모든 공중전화기와 전신주에 감시 카메라를 설치할 것이며, 카메라에 잡히지 않는 사각지대는 드론을 띄워 도심 구석구석을 살피겠다고 말했다. 그 같은 드론은 실종자 수색, 강력범죄자 모니터링 등 범죄예방과 치안을 위해 다양한 방식으로 사용될 수 있다.

[그림 16] 치안에 활용되는 드론
http://youtu.be/piTffDcYViY

(7) 건축

스위스 취리히 연방공대(ETH Zurich)에서는 드론을 이용해 로프 다리를 건축하는 프로젝트를 추진하고 있다. 이 프로젝트의 이름은 '공중건축프로젝트'(Aerial Construction Project)로 드론이 날아다니면서 사람이 건너다닐 수 있는 로프 다리를 만드는 것인데, 앞으로 로봇을 활용해 공중에서 건축물을 짓는 위험한 작업에 활용될 것으로 기대된다. 이번 프로젝트에는 쿼드콥터가 사용됐으며, 비구조적인 재료시스템 기술, 첨단 디지털 설계 및 건축 프로세스, 공중용 로봇의 관제 기술 등이 활용됐다. 전통적인 건축 방법은 작업자들이 이동하고 서서 일할 수 있도록 건축물 주위에 가설물을 설치하는 방식(비계)인데, 이 건축 공법은 인간-쿼드콥터 상호 작용과 환경 인식 등의 방법을 동원했다. 쿼드콥터는 허공을 날면서 로프를 연결하고, 로프의 팽팽함 정도를 조정하는 등의 작업을 수행한다. 물론 건축물을 제작하는 데 비계가 전혀 없는 것은 아니다. 로프 다리의 양쪽에 비계를 설치해 지지대 역할을 하도록 했다.

[그림 17] 건축에 활용되는 드론

http://post.phinf.naver.net/20151001_165/1443686521169VPwXp_PNG/3543601402_1443576215_76698.png?type=w1200

http://youtu.be/_T0J5PB2av8

(8) 농경과 목축

드론으로 가장 주목받는 분야 중 하나는 농업분야이다. 드론과 농업의 연관성이 잘 상상되지 않지만 그 잠재력은 다른 어떤 분야보다 무궁무진하다. 넓은 땅에서 자라고 있는 농작물의 상태를 체크하는 것은 물론이거니와, 씨를 뿌리고, 농약을 치는 직접적인 농경행위도 가능하다. 좀 더 적극적으로 생각하면 드론은 양떼를 몰 수도 있다. 농약을 치는 것 또한 무작위로 하지 않고 특수 카메라를 이용해 오염된 부문만 선택적으로 할 수 있다. 바다에 있는 양식장 상태를 살필 수 있는가 하면 수중 드론을 통해 실제 바다 속 물고기의 생태도 모니터링 할 수 있다.

[그림 18] 농약 살포하는 드론

https://www.youtube.com/watch?v=qUuOBC_OHv4

(9) 드론 시티

아마존은 2016년 여름 가로등을 이용한 '드론 둥지'로 특허를 획득했다. 드론 둥지는 도시의 어디에도 있는 가로등에 드론이 착륙할 수 있는 도킹 스테이션을 뜻한다. 여기에서 드론은 충전을 하거나 주변을 모니터링 하면서 쉴 수도 있다. 갖가지 센서를 통해 기상정보는 물론 미세먼지 정보도 수집 전송할 수 있다. 아마존의 배송 시스템과 연결하면 배송 관련 정보를 실시간으로 업데이트할 수도 있다. 도시 곳곳에 이같은 드론 스테이션이 있게 되면 어떤 강력범죄나 사건, 사고가 발생했을 때 가장 가까이 있는 드론이 출동하여 관련 정보를 수집할 수도 있다. 드론 시티를 구상할 수 있는 기본적인 SOC가 마련되는 것이다.

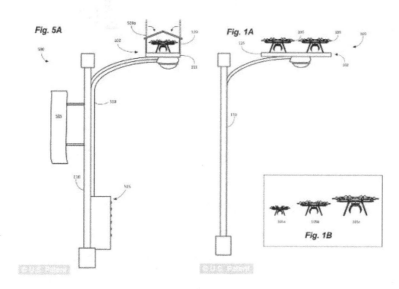

[그림 19] 아마존의 드론 둥지

드론을 활용한 다양한 활동들을 보면 왜 드론이 막힘없는 창의성의 기술인지 알 수 있다. 지표면이 아닌 대기(심지어 지하 공간이나 물속에까지)에서 할 수 있는 활동은 이제 시작이라해도 과언이 아니다. 드론이 있기 때문이다. 하지만 그같은 활동도 제도화와 법규제가 뒷받침될 때 비로소 의미있는 것이 된다. 지금은 어떻게 결론날지 모르는 다양한 입체공간에서의 활동을 실험하고 있는 중이다. 실험이 누적되다 보면 일정한 패턴이 나타날 것이고 그것이 곧 사회적으로 용인되는 제도화된 실천이 될 것이다. 그 전에 드론의 기계론적, 운동학적 특성을 먼저 살펴보자.

CHAPTER 2

드론 기계론과
드론 운동학[1]

1. 드론 기계론: 자동력과 배치

드론은 3차원 운동공간에서 이동하면서 특정한 일을 수행하는 기계(machine)이다. 어떤 흐름의 절단과 채취를 수행하는 기계적 관점에서 보면(Deleuze & Guattari, 1972), 기계, 이미지, 운동으로 연결되는 드론의 매개장치적 속성은 지금까지 도달하지 못했던 어떤 공간에서 운동하면서 대상물의 이미지를 절단하고 채취하는데 그 특징이 있다. 이는 드론기계가 높은 수준의 '자동력'(motility)을 가졌기 때문이다. 자동력은 유기체가 스스로 움직이는 힘, 즉 스스로 움직이면서 어떤 일을 수행하는 능력(힘)을 말한다.[2] 자동력을 가진 것은 그렇지 않은 것과 차이를 생산한다. 드론에게 있어 자동력은 드론 자체가 인간과 무관하게 완벽하게 혼자 움직인다는 것을 의미하는 것이 아니다. 오히려 인간의 직간접적 개입을 최소화하면서도 인간이 요구하는 어떤 일을 실현하는 운동적 힘을 의미한다. 자동항법장치와 자세 제어(gyroscope), 정지비행(hovering), 위치추적과 사물추적, AR과 VR 등 드론의 자동력 기술들은 드론에 대한 조정자의 자율성을 극대화함으로써, 즉 손쉬운 인터페이스와 간단한 기계적 조작으로 누구라도 비행 상황을 유지하면서 손쉽게 영상을 채취할 수 있게 했다. 높은 수준의 자동력으로 인해 드론의 보기는 CCTV와 같이 고정적이지도, 휴대 카메라나 모바일, 스테디 카메라와 같이 인간 신체에 종속적이지도 않다. 드론은 운동 상황에 있어 높은 상대적 자율성을 가지면서 어떤 방향에서도 대상물을 응시, 관찰, 감시할 수 있다.

영상 채취에 있어 이 같은 드론의 "자동력은 대상과 주체, 이미지와 시각의 관계를 은폐되고 분산된 보기와 보임의 양식으로 바꾸어버렸다"(McCosker, 2015, p.3). 스스로 움직이면서 언제 어디서나 무언가를 다양한 시각에서 볼 수 있다. 따라서 분산된 보기란 드론이 드론 자체의 움직임을 제어할 수 있는 자동력과 드론이라는 하나의 항과 대상이라는 항 사이의 유동적 배치를 통해, 즉 주체와 대상간의 유동적인 '사이에서' 영상 이미지를 채취하는 것을 의미한다. 다시 말해 드론은 손쉬운 무인 이동을 통해 이용자와 어떤 대상 '사이의 작용'으로 이용자가 요구하는 다양한 보기의 욕망을 실현시켜준다. 그 보기는 대상자(또는 대상물)의 인식적 범주 하에 있는 것이 아니라 저 멀리 떨어져 있을 뿐만 아니라 사방을 훑어본다는 점에서 다분히 은폐적이다. 영상드론은 정해진 카메라워크로 영상을 채취했던 기존의 영상채취 방식과 달리 제어자로부터 극대화된 자율성을 바탕으로 제어자의 보기 욕망을 실현한다.

이로 인해 움직이는 드론-기계는 마치 스스로의 욕망을 수행하는 것처럼 보인다. 물론 드론-기계 역시 그것을 제어하는 주체의 통제 하에 있다. 하지만 앞서 지적한 것처럼 그 기능이나 활용이 매우 간단할 뿐 아니라 지금까지 경험하지 못한 시각적 범주로 인해 드론은 상대적으로 높은 자율적 운동성을 가진다. 가령 2016년 10월말 KNN에서 주최했던 '2016 드론영상제' 대상자의 경험담은 드론촬영에 많은 힌트를 준다(라온제나, 2016).[3] 아래 인용문은 대상을 받은 〈길~~ 따라〉라는 작품의 드론 촬영과정에 관한 것이다. 그의 의견에 따르면, 드론촬영은 1) 다양한 구도의 촬영, 2) 원근을 사용한 촬영, 3) 부드러운 움직임, 4) 너무 많지 않은 움직임, 5) 구도보다는 초점, 노출, 움직임을 담아내는 작업이다. 아래 인용문에서 보듯이, 드론영상은 드론촬영만의 고유한 영역이 있어 상공에 드론을 올렸을 때 비로소 무엇을 보고 영상으로 채취할 것인지가 확정된다는 것이다.

> 우리의 과거가 어떠했던지, 그리고 지금의 상황이 어떠하든 간에 앞으로 어떤 일이 펼쳐질지 모르기 때문에 하루하루 살아갈 수 있는 우리의 인생길이지 않나 하는 생각이 들었습니다. 그렇게 주제를 정하고 나니 촬영의 가닥이 잡혔습니다. (...) 드론 영상은 본인이 의도한대로 나오지 않는 경우도 많고... 다양한 방법으로 날려보다 보면 의도치 않았던 멋진 장면들이 연출되기도 하기 때문에 일단 생각하는 길들을 찍어오기로 했습니다. 대신 오르막길, 기찻길, 곧은 길 등 대략적인 길의 형태를 정하고 본인이 촬영 후 공유하기로 했습니다(라온제나, 2016).

여기에서 눈에 띄게 강조하는 것은 드론영상의 본질은 기존의 3분할 구도라든가 황금비율 등 기존의 영상구도보다 드론으로 인한 카메라 자체의 '움직임'에 있다는 것이다. 매끄러운 이동과 결부된 고도화된 타임랩스, 즉 하이퍼랩스(hyperlapse) 촬영이 그 예가 될 것이다. 스테디 카메라나 지미집(Jimmy Jib)에서의 역동적 움직임이 전후좌우로 극대화되어 표현하는 것이 드론영상이다. 이 작업은 사실 지상의 드론 조종자가 사전에 예측하기 힘들다. 위에서 말하는 것처럼 경험적으로 "다양한 방법으로 날려보다 보면 의도치 않았던 멋진 장면들이 연출"된다고 하는데, 이는 드론영상이 기본적으로 드론 조종자의 사전의도에 입각해 촬영을 시도하지만, 실제로는 3차원 공간에 이르렀을 때 생각지도 않은 영상물이 발견되는 경우가 빈번하다는 것을 뜻한다. 가령 2014년 겨울 경주 마우나리조트 붕괴 모습을 찍은 드론 영상은 취재를 위한 것이었지만 사고 직후 지붕 위 눈의 상태를 통해 붕괴의 원인을 밝히는 자료로 활용되기도 했다.

드론-기계의 자동력을 통해 실현하고자 하는 의미나 욕망은 항과 항의 배치와 접속으로 설명된다. 기계론에서 기계는 "복합적인 부품으로 이루어져 어떠한 목적을 수행하고 또 다른 부품들이 모이고 조립되어 새로운 복합체가 되면 또 다른 기능을 수행하는 열려있는 개념의 복합체"이다. 따라서 기계는 "열려있는 순환체계로 볼 수 있으며 계속해서 첨가되고 배치되어 새로운 관계를 맺으면서 새로운 기능을 수행하는 접속적 관계, … 관계에 의해 새로운 것이 끊임없이 생성되는" 것이다(임기택, 2010, 247쪽). 기계론의 관점에서 볼 때, 인간의 의미나 욕망은 인간의 유적 존재에 따라 움직이는 것이 아니라 그것을 구성하고 있는 DNA와 같은 기계적 항의 구성에 따라 움직인다. 기계적 구성이 개체의 속성을 구성한다는 것이다. 그런 점에서 볼 때, 자동력을 가진 드론-기계는 주체와 대상 사이의 유동적인 배치를 통해 상호협력적으로 어떤 일(욕망, 의미)을 수행한다. 그리고 그 일은 드론이 주체(카메라맨)-대상(촬영대상물) 사이의 어느 곳에 배치되고 움직이느냐에 따라 달라진다. 드론 운용자의 기획과 상상력이 영상드론 운용에 일차적인 요인이겠지만 드론 자체의 기계적 배치와 운동에 따라 주어진 일의 수행성이 달라질 수 있다.

드론-기계에서 배치는 드론 내부의 여러 기계 장치들의 '기계적 배치'와 운동으로서 '공간적 배치'로 구분된다. 기계적 배치는 드론에 카메라를 단다거나 폭탄 또는 개의 목줄, 낚시줄을 장착하는 일차적 배치이다. 드론에 대한 이같은 융통성있는 기계적 배치로 인해 해당 드론의 자동력의 범위와 성격이 결정된다. 드론은 공간적 배치를 통해 기계적 배치가 함의하는 어떤 일을 수행한다. 카메라를 부착한 드론은 공간적 배치를 통해 시각기계로서 일을 수행한다. 시각기계 중에서도 적국의 하늘을 날면서 주요시설을 촬영한다면 감시기계이겠지만, 미사일을 날린다면 폭격 혹은 살인기계가 될 것이다. 빌딩 사이를 오가며 박진감 넘치는 장면을 촬영한다면 영화 혹은 게임을 위한 영상기계가 될 것이다. 드론이 VR 기술과 결합하면 인간의 시각과 연동되는 VR 기계가 된다. 연인을 위한 꽃을 묶으면 사랑의 메신저가 된다. 물류 이동의 속도기계일 수도 있다. 아마존의 프라임 에어는 드론을 상품 배송의 물류기계이자 속도기계라는 점을 확인시켜준다.

요약하면 드론의 기계적 수행력은 항들의 배치에 따라 달라진다. 그 배치는 순차적으로 두 차례의 과정을 밟는다. 첫 번째는 운동체인 드론(D)에 어떤 장치(E)를 배치하는가이다. 촬영을 위해서는 카메라가, 폭격을 위해서는 폭탄이, 개의 산책을 위해서는 목줄이 배치된다. 이는 인간의 상상력으로 얼마든지 확장될 수 있다. 두 번째는 그렇게 배치된 드론과 그 드론이 목표로 하는 대상(O) 사이에 운동으로서 배치이다. 즉 사이의 작용이자 운동으로서 드론을 3차원 입체공간에 두는 것이다. 따라서 드론-기계의 자동력의 수행성은 [(드론D + 장치E) + 대상O] 배치 개념으로 정의된다. 영상드론의 카메라는 피사체를 '촬영'하고 드론의 미사일은 적진을 '폭격'하며 드론의 목줄은 개를 '산책'시킨다. 그 같은 사이의 작용이 곧 드론의 궁극적인 접속수행으로서 일이다.

결국 드론-기계의 기계적 배치와 공간적 배치는 3차원 입체공간에서 드론과 대상 간의 사이의 작용을 설명하는 기계론적 공간론적 전략이다. 이는 드론이 자체내 여러 기계장치와 장치, 드론 운용자와 공간, 공간과 대상, 운용자와 대상, 드론과 대상 등의 상호협력적 관계에서 어떤 욕망을 실현하는 아상블라주(assemblage) 매개장치라는 점을 뜻한다. 자동력을 가진 드론에 여러 장치들을 배치하는 기계적 배치, 주체와 대상 사이의 공간적 배치를 통해 드론 운용자의 욕망을 수행한다. 그렇게 볼 때, 영상드론에서 공간적 배치는 축이 사라진 드론 내 카메라가 영상을 채취하기 위해 움직이는 운동이다. 정지비행조차도 어떤 축에 결박된 것이 아닌 스스로 고정을 실현하는 운동이다. 드론영상은 궁극적으로 이같은 운동 하에서 얻어진 시각적 채취물이다. 따라서 우리는 드론-기계가 구체적으로 어떤 과정으로 운동성을 수행하는지에 살펴볼 필요가 있다.

2. 운동체로서 드론: 드론의 운동과정

앞서 논의한 드론-기계의 자동력과 배치의 논리에 비춰 드론의 운동과정으로 풀어보면 아래 표와 같다. 드론은 3차원 운동공간에서 '무인'으로 '항법'하면서 어떤 욕망을 '매개활동'하는 운동체이다. 무인과 항법, 매개활동은 드론의 운동성을 정의하는 핵심 용어들이다.[4] 이들 개념은 어떤 제한된 틀 안에서의 운동이 아닌 어디로든 움직일 수 있는 자유로운 운동과정을 설명한다. 이 운동과정에서 매개활동은 각기 다른 드론의 궁극적 차이를 발생시키는 접속수행이다. 영상을 채취하는 영상드론에서 이같은 운동성은 드론 고유의 영상물(매끄러운 운동성의 영상)을 생산해내는 자동력의 수행과정이다.

<표 2> 운동체로서 드론의 운동과정

운동	제도	수행성
무인(Unmanned)	자동화 시스템(Automation)	분리와 이동
항법(Navigation)	비행(Flight)	날기, 달리기, 수영하기 등
매개활동(Mediacy)	미디어(Medium)	접속수행: 감시/폭격, 물류, 촬영 등

무인(unmanned)은 드론이 궁극적으로 수행하고자 하는 특정한 대상과의 접속, 즉 드론이 목표로 하는 대상과 연결된 허공 상의 어떤 위치로 이동하기 위한 최초의 운동이다. 로켓을 원하는 궤도에 올려놓는 것과 유사하다. 이는 드론 운용자로부터의 분리와 이동을 뜻한다. 분리에 의한 무인화는 곧바로 자동력을 활성화시킨다. 그리고 그 자동력은 드론이 항법을 수행하기까지, 항법을 수행하는 중에도, 심지어 최종적인 매개활동에서도 유지한다. 따라서 최초의 운동인 무인은 자동화 시스템이라는 사회적 제도와 결부되어 있다. 드론에 있어서 자동화란 기계적 자동비행(auto-pilot)과 같이 컴퓨터 이전의 자동화(ABC; automatic control before computer)와 함께 gps, 검색, 되돌아오기, 정지비행 등과 같은 자동화된 컴퓨터 제어(ACC; automatic computer control) 개념을 모두 포함한다(Nof, 2009 참조). 특히 인간과 상호작용하는 비인간 행위자적 관점에서 보면, 드론의 자동화는 어떤 일을 수행함에 있어 인간-기계 인터페이스의 직관성과 편의성, 즉 무엇인가를 만들고, 조작하고, 접근하는 등 많은 미디어적 실행에 있어서 인간의 일을 덜어주는 창조적 행위이다(Manovich, 2002). 결국 영상드론에서 무인은 비록 그것이 인간의 통제 하에 있기는 하지만 드론이 운용자와 손쉬운 인터페이스를 통해 매우 높은 수준의 자동화 시스템으로 전환하기 위한 과정이다.

항법(navigation)은 최초의 무인화 이후 3차원 입체공간에서 이뤄지는 끊임없는 물리적 운동을 뜻한다. 그것이 단순한 이동이 아닌 항법인 이유는 그 운동이 육안이나 가상현실을 통해 드론의 위치를 지각하며 목적지를 향해 목적의식적으로 움직이기 때문이다. 드론은 자신에게 주어진 기계적 배치가 함의하는 일을 수행하기 위해 다양한 비행을 수행한다. 따라서 항법은 3차원 운동공간에서 주어진 일을 수행하기 위해 최적의 위치를 잡아가는 이동과 이동의 연속이다. 여기에는 이동없는 날기, 즉 정지비행도 포함한다. 날기 외에도 달리기, 수영하기, 벽타기 등 다양한 항법적 수행방법이 있을 수 있다. 항법은 비행이라는 기존의 제도와 결부되어 있다. 드론을 총괄하는 제도적 관할권이 기존의 항공 부서인 것은 그 때문이다. 따라서 비행금지구역이라든가 비행허가 등 안전 및 보안과 관련된 이슈가 드론운용에 있어서 일차적으로 고려되어야 할 요소이다. 여기에는 사생활 보호와 프라이버시, 재산권 등 민사적 요소도 포함한다. 드론에 관한 법률적, 제도적 논의와 정비가 지속적으로 요구되는 대목이다.

매개활동(mediacy)은 앞서 드론 기계론에서 설명한 것처럼, 드론이 목표대상과 접속하여 수행하는 욕망의 실현행위를 말한다. 미사일을 날리는 것은 파괴의 욕망을, 꽃을 배달하는 것은 사랑의 욕망을, 촬영을 하는 것은 창작의 욕망을 뜻한다. 따라서 욕망에는 드론 운용자의 의도가 적극 반영되어 있다. 하지만 앞서 살펴본 것처럼, 그 욕망은 현실적으로 드론을 날리기 전까지 은폐되어 있을 수도 있고 드론을 날리면서 수정될 수 있기 때문에 이른바 드론이 '조건지은' 욕망이라고 할 수도 있다. 지금까지 영상작업이 인간의 눈높이 수준에서 이뤄져 왔다면(기껏 제한적인 확장만 가능한 상태), 드론의 영상촬영은 미답의 공간에서 수행하기 때문에 드론 자체의 운동성에 강하게 영향받게 된다. 물론 이는 여러 가지 촬영 실험을 통해 밝혀질 것이다. 드론이 막힘없는 창의성이라고 불리는 이유는 그것이 지금까지 인간이 닿지 못했던 공간에서의 매개적 수행성을 가질 수 있게 되었기 때문이다.

드론의 무인-항법-매개활동을 물리적 운동체 관점에서 보면 '위치벡터', 즉 3차원 입체공간상의 특정 위치에서 어떤 방향으로 힘을 작용시키는 것으로 설명된다(그림 20). 드론은 지표상의 좌표인 XY와 허공상의 지점(Z)을 연결하는 입체공간상의 어떤 위치에 존재한다. 만약 물 속이나 지하로 드론이 들어간다면 Z는 마이너스값을 가질 것이다. 드론 조정자는 XYZ가 만나는 S 지점에 있게 된다. 드론은 최초의 S 지점에서 대상물(O)을 향해 이동하며 주어진 일을 수행한다. 따라서 이동하는 드론의 위치는 x, y, z값을 가진 위치벡터[$\vec{r}$ = (x, y, z)]로 표시될 수 있다. 3차원 공간상의 어떤 위치에서 방향성을 가진 힘으로 존재하는 것이다. 결국 드론은 드론 조정자(S)로부터 분리되어 X-Y-Z 상의 특정 공간, 즉 xyz값에 존재하면서 대상물(O)에게 어떤 매개활동을 수행하는 운동체이다.

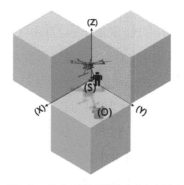

[그림 20] 드론의 3차원 입체공간에서의 운동성

널리 알려진 것처럼 벡터는 크기와 방향을 가진 힘의 물리량이다. 흔히 에너지로 간주되기도 한다. 그렇다면 벡터라는 물리량이 실제 드론 운용에서 가지는 의미는 무엇일까? 영상물에서 벡터를 "시선의 유도"라고 본다면(주창윤, 2003, 80-87쪽), 그것은 주체(S)-드론(D)-대상(O)간의 공간적 배치라는 움직임을 통한 시선 유도가 아닐까? 가령 파괴된 아파트의 모습을 보여주는 아래 [그림 21]의 경우, 아파트 외부에서 내부로 연속적 관계로 들어가는 움직임이 유도해내는 시선이 될 것이다. 그것은 영상물 내 화면이나 지시, 동작이 빚어내는 기존의 벡터 개념과 다르다. 카메라의 자유로운 움직임이 유도해내는 이같은 시선은 영상물 안에서 작동하는 전통적인 영상적 시선에 선행하거나 그 위에 겹친다. 따라서 그것은 시선에 대한 시선으로서 일종의 '메타적 시선'이다. 메타적이라고 해서 그 시선이 전체를 관조하는 성찰과 반성만 있는 것이 아니다. 오히려 전체에서 부분으로, 부분에서 전체로 침투해가는 치밀하고도 '촘촘한 보기'도 포함한다(어쩌면 세밀한 응시와 감시라고도 할 수 있을 것이다). 이것은 그리 낯설지 않다. 제한된 트랙에서이기는 하지만 1990년대 대표적인 트렌디 드라마 〈질투〉에서 선보인 두 주인공 주위를 맴도는 카메라는 사랑하는 두 연인의 시선을 넘어선 메타적 의미의 시선이다. 하지만 여기에서는 대상 안이나 곁으로 침투해가지 못한다. 영상드론에서 벡터는 인간의 키높이, 삼각대, 스테디캠, 지미집, 트랙킹, 달리 등을 넘어선 자유로운 운동체로서 전체와 부분을 훑어내는 깊은(hyper) 메타적 시선이다.

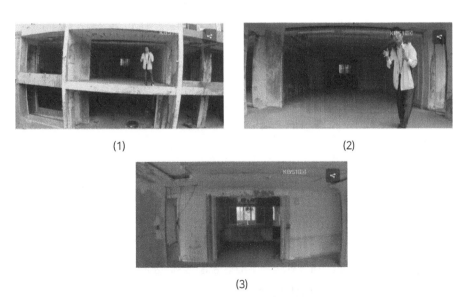

(1)   (2)

(3)

[그림 21] 2011년 우면산 산사태에 대해 보도하는 드론 영상

설명: 드론이 파괴된 아파트 외부에서 내부로 들어가면서 파괴의 흔적을 보도록 시선을 유도한다. 기자는 이 사건 현장 깊숙이 참여하고 있으면서도 사건 현장을 샅샅이 훑는 드론의 움직임의 기준점이 됨으로서 객관적 시선의 담지자가 된다.

따라서 드론영상은 이른바 홈패인 공간에서의 영상과 대비되는 '매끄러운' 공간에서 빚어내는 영상이다. 홈패인 공간은 차도나 인도, 수로와 같이 일정한 간격으로 움직임을 제한하는 공간이다(표 3). 이런 공간에서는 오로지 카메라를 제어하는 축을 통해 주어진 방향으로만 움직일 수 있다. 여기에서 영상은 선형적이고 법칙적이어서 보기는 지극히 인과적인 활동이다. 가령 시청자의 시선에 혼란을 주지 않기 위해 카메라를 180도를 넘겨 촬영하지 않는다. 하지만 드론에서는 이같은 관습이 가볍게 무시된다. 매끄러운 공간적 활동은 어디에도 시선을 두는 자유로운 시각활동이다. 헬리콥터에서 얻는 영상을 생각해볼 수 있는데, 그것에 비해 드론영상은 역동성이나 다양성, 표현력 등에서 비교할 수 없을 정도로 강력하다.

<표 3> 홈패인 공간 vs. 매끄러운 공간

홈패인 공간	매끄러운 공간
국가 장치	유목생활
정착	잠재성을 지닌 유목
직물	펠트
사실상 뒤섞여 존재함. 단순대립-혼합, 사실상의 Passage(이행관계), 이행의 과정을 상정함	
뜨개질의 바늘의 역할	패치워크
데카르트적인 공간	리만적 공간
선 → 선(함수관계)	벡터(위상기하학적 공간)
붕어빵의 주물	주물을 깨고 나가는 질료의 힘
제국(수직적 나무체계)	도시국가(등방적)
명사+형용사의 세계	동사의 세계
원거리 파악	근거리 파악
지능, 법칙성	후각, 촉각 등의 본능적 직감

임기택 (2010). 248쪽.

결국 드론의 매개활동이 함의하는 공간은 기계적이고 단시점적인 공간이 아니라 전방위적 다시점의 매끄러운 공간이다. 그것은 또한 행위자 네트워크의 공간이다. 행위자 네트워크의 공간이란 행위자와 행위자간의 상호작용을 통해 만들어지는 공간을 말한다. 드론은 조종자와 대상을 잇는 변화하는 네트워크의 공간활동을 통해 영상을 채취한다. 그렇게 보면 영상드론의 공간 표현은 드론과 대상물간의 '관계의 효과'로 정의될 수 있다. 그것은 겉으로는 명백해 보이지만 막상 저 멀리 떨어져 보면 분명 어떤 휨이나 변형이 관찰되는, 거꾸로 저 멀리서는 명백해 보이지만 가까이서 보면 다른 느낌과 사실을 주는, 이른바 비유클리드적이며 리만적인 공간이다. 드론의 전방위적 운동성이 빚어내는 메타적 시선이 그런 시각성을 확보해 준다. 이는 21세기 디지털 시대에 이르러 나타나는 사회적 전환으로서 공간적 전기(spatial turn), 다시 말해 다양한 표현공간이 개별자의 삶에 앞서서 작용하는 사회적 변화의 한 양상으로 해석된다(최병두, 2015 참조). 공간적 전기가 영상드론의 보기 양식과 그 결과물에서 어떻게 나타나는지 미디어 현장에서 다양하게 실험되고 있다.

CHAPTER 3

미디어로서 드론:
전시점적 가시성의 미디어[5)]

1. 탈것의 미디어: 영상매개 장치로서 드론

2016년 8월부터 실효된 미 연방항공청(FAA)의 소형무인비행장비 규칙(Part 107)에 따르면,[6)] 드론이란 개인이 손쉽게 이용할 수 있는 무인 비행체로서 25kg(55 lbs) 이하의 무게에 최고속도 시속 161km(100mph) 이하로 최대이륙고도 120m(400ft) 이하의 사양을 가진다. 만약 이 조건이 넘어서게 되면 신고를 해야 한다. 공식적으로 행정당국의 허가 하에서 언론사가 드론을 활용할 수 있게 된 것은 2015년 초 FAA가 CNN이 낸 허가신청서에 조건부 허가를 하면서부터이다(Nicas & Hagey, 2015).[7)] 물론 FAA의 허가 없이도 드라마나 뉴스, 영화 제작 현장에서 드론을 활용하기도 했지만 그 때문에 심심찮게 FAA와 갈등을 빚기도 했다. 상업용 드론 운용규정 '파트 107'(Part 107)은 FAA가 이를 의식해 만든 것으로, 취미용 드론과 상업용 드론의 구분, 면허발급 규정, 상업활동 상의 주의사항 등을 고지하면서 언론사도 사전허가 없이 주어진 규칙을 지키면서 자유롭게 드론을 운용할 수 있게 되었다. CNN의 경우 같은 해 8월 드론전문부서인 CNN AIR(Aerial Imagery and Reporting)를 출범시켜 드론을 일상의 저널리즘 장치로 탈바꿈시켰다. 현재 드론은 주로 태풍이나 홍수 등 재난보도나 분쟁보도에서 적극적으로 활용되고 있다. 우리나라도 2017년 항공안전법 124조 시행규칙 제305조에 따라 비행승인 기체검사 면제범위를 기체 중량 12kg 이하, 안전성 인증검사는 이륙 중량 25kg 이상으로 정하면서 드론활용을 유도하고 있다. 최근에는 최고 고도를 지면, 수면, 건물 상단 기준 150m에서 수평거리 600m 내 가장 높은 장애물 상단 기준 300m로 바꾸는 시행규칙을 입법 예고했다. 드론산업 발전을 위해 국토교통부령이 정하는 업무(농업용 살포, 촬영탐사, 산림관리, 조종교육) 외에 '안전'과 '안보'에 위협이 되지 않는 사업에 드론을 활용할 수 있다. 지금은 야간비행이 금지되어 있지만 항공안전법 개정안이 국회 심의 중이다.

우리나라도 언론사에서 드론을 통한 영상제작과 취재를 일상화하고 있다. 한국 방송 최초로 드론으로 뉴스를 제작한 것은 2011년 11월 KBS 〈뉴스9〉의 '우면산 산사태 100일…피해 여전히 진행 중'이라는 뉴스에서였다(그림 21).[8] 지금은 대부분의 방송사와 신문사가 드론을 운용하고 있다. 지난 7년이 경과하면서 드론은 저널리즘뿐만 아니라 드라마, 다큐멘터리, 예능, 영화 등 영상제작에서 없으면 안되는 필수장비가 되었다. 지금까지 볼 수 없었던 현장성과 역동성, 그 외에도 갖가지 창의적 영상을 채취할 수 있으면서도 비용 면에서 기존의 헬기촬영과 비교해 월등히 경제적이기 때문이다. 기존의 내연무인헬기가 회당 약 400만원을 호가하는데 반해, 드론은 HD급 이상의 카메라를 장착한 200만원 내외의 초기 구매비용만 들이면 더 이상의 비용없이 사용할 수 있다(유창범, 2016). 하지만 도시지역은 대부분 비행금지 구역으로 설정되어 있기 때문에 현실적으로 사람들이 살아가는 일상공간에서 영상드론을 운용하려면 많은 행정적 시간적 비용이 소요된다.

영상 제작 현장에서 드론 바람은 1990년대 6mm 카메라를 떠올리게 한다. 당시 6mm 카메라는 영상제작(특히 방송제작)상의 경제성을 제고시켰을 뿐만 아니라 영상의 새로운 지평을 연 것으로 평가된다(김균·전규찬, 2003; 구본준, 2001). 촬영대상에 최대한 밀착할 수 있었기 때문에 방송영상은 드라마, 예능, 다큐멘터리, 뉴스 할 것 없이 한층 다양하고 역동적으로 변했다. 따라서 6mm 카메라는 1990년대 말 이래 숨가쁘게 진행되고 있는 콘텐츠의 장르혼성에 기여한 바 크다. 이와 마찬가지로 드론 또한 방송제작에서의 노동행위와 경영상의 획기적 개선은 물론 드론의 역동적 움직임으로 드론 고유의 영상문화를 창출하고 있다. 제작 현장에서는 드론을 와이어에 달아 사용하는 와이어캠, 차에 타서 들고 사용하는 달리 시스템, 손에 들고 움직이는 스테디 캠 시스템 등으로 활용되고 있다. 그러나 우리는 드론의 영상커뮤니케이션적 특성에 관해 아는 바가 거의 없다. 드론의 기술론적, 운동학적 특성은 어떤 드론영상을 낳고 있는가? 드론이 영상제작에 미치는 충격과 의의는 무엇인가?

2. 영상드론: 전시점적 가시성

현직 방송기자가 드론으로 방송뉴스를 제작한 경험에 따르면 드론 저널리즘은 중요한 몇 가지 차별점이 있다(이재섭, 2016). 드론은 사건에 대한 전체적인 조망의 시각을 보장하기 때문에 영상저널리즘에서 '객관적 시선'을 확보해준다. 이는 저널리즘의 핵심 가치인 사실성의 확보를 의미한다. 더 나아가 드론영상은 해당 사건의 '기록과 채증'의 자료로도 사용될 수 있다. 드론은 또한 그간 카메라가 접근할 수 없었던 곳으로의 '접근성'을 확보해준다. 대표적인 것으로 후쿠시마 원전 영상이 있다. 그 외에 독극물 사고나 자연재해 현장 등 사람이 접근하기 힘든 곳에 드론을 띄워 현장 상황을 기록할 수 있다.

하지만 이 같은 진단은 보기 방식(ways of seeing)의 관점에서 볼 때(Berger, 1972), 저널리즘은 물론 일반적인 방송제작에서의 드론적 보기 양식을 통찰해주지 못한다. 드론의 기계적, 운동체적 속성들은 촬영을 목적으로 하는 영상드론의 보기를 어떻게 양식화하는가? 드론의 증강된 공간에서의 보기(seeing from augmented space)는 어떤 영상문화적 함의를 가지는가? 영상드론의 매개활동을 다른 미디어와 마찬가지로 가시성(visibility)의 확보라고 할 때(Ellis, 1982 참조), 영상드론은 방송이나 영화와 같은 가시적인 시각표현 미디어(visible media)에 전시점적 영상을 제공하는 새로운 표현 수단이다. 이때 드론의 가시성은 창공상의 조감(鳥瞰, bird-eye view)은 물론 달리는 말, 기어가는 벌레, 헤엄치는 물고기 등 움직이는 모든 생물체의 시각활동을 포함한다. 심지어 하늘에서 떨어지는 빗방울과 함께 낙하하면서 빗방울의 시각으로 세계를 표현할 수도 있다. 따라서 드론은 가능한 모든 시점, 그러니까 '전시점적 가시성'(omni-viewpoint visibility)이라는 공간적 보기의 매개장치이다. 이것은 전지적 시점(omniscient viewpoint)과 무척 유사하다. 하지만 전지적 시점이 문학이나 다큐멘터리에서 관조와 무관심, 대상의 내면세계에 대한 지적, 감정적 투사를 포함한다면, 전시점적 가시성은, 2차적 해독으로 그런 투사가 있을 수도 있겠지만, 기본적으로 대상에 대한 다면적 보기로 국한된다. 전지적 시점은 전체와 부분을 모두 총괄할 뿐 아니라 인간의 지각 너머 피조물의 내면세계까지도 파악하는 '신의 시점'이다. 그에 반해 전시점적 가시성은 문학적 은유가 아닌 전체와 부분에 대한 실제적 보기, 다시 말해 드론 운용자와 드론이 상호협력 하에서 욕망을 실현하는 다시점의 공간적 보기이다.

전시점적 가시성은 기본적으로 전방위적 운동성을 전제로 한 개념이다. 고정되어 있는 것은 결코 전방위적일 수 없다. 따라서 드론이 채취하는 영상은 운동을 통해 확보되는 '모든 시점'에서의 이미지이다. 이는 매우 중요하다. 지금까지 미디어 영상은 대체로 고정적이었으며, 움직인다 하더라도 지극히 제한된 구도 안에서의 운동이었기 때문이다. 카메라의 '축'(axis)이 그 역할을 해왔다. 전형적인 카메라 삼각대나 인간의 손, 지미집, 크레인, 트래킹, 달리, 팬 등 카메라 축은 보는 높이나 앵글, 깊이 등 영상 표현의 한계를 조건지었다. 짐벌을 장착한 스테디캠마저도 카메라맨의 신체라는 축에 고정된 것이다. 하지만 드론에는 이같은 축이 생략되어 있다. 그런 드론영상의 시선은 일차원적이지 않고 다차원적이다. 이는 무척 낯설어 보이지만 사실은 일찍부터 시험해오던 보기 방식이다. 입체파 회화가 그것이다. 입체파는 그간 세계를 바라보는 절대적인 방식이었던 하나의 시각, 즉 세계를 바라보는 원근법적 사고로부터 인간을 해방시켰다. 원근법은 합리적 시각임과 동시에 주체의 시각이다. 버거(Berger, 1972, p.16)에 따르면, 원근법은 "시각적 세계의 중심에 인간의 눈을 두는 것이다." 원래 하나의 시각만 존재하는 원근법의 세계에는 호혜성이 없었다. 하지만 카메라 발명 이후 본다는 것은 하나의 주체 행위로 국한할 수 없는 것이 되었다. 이제 세상은 다양한 카메라 렌즈의 눈에 따라 '다양한 바라봄'이 존재하게 됐다.

주지하듯이, 입체파는 부유하는 근대도시적 삶의 다시점과 경험의 지속을 통합한 것으로 카메라 이후 20세기 초에 등장했다. 즉 보는 것을 저장하는 사진의 힘이 입체성을 시각화하는 입체파 회화의 잠재력과 결부되면서 등장했다(Pyne, 2011). 카메라가 현실을 그대로 묘사하면서 회화는 하나(화가)의 눈으로 바라본 인상에 주목하다가, 어느덧 복수의 눈으로 대상을 응시하는 것으로 바뀌었다. 그러나 무엇보다 중요한 것은 보는 방법 중에서 '카메라처럼 세상을 본다'는 것의 의미이다. 그것은 세상을 통합적으로 보는 것이 아니라 주관적이고 단편적으로 본다는 것을 뜻했다. 이는 1910년대에 이르러 본격화된 생각으로서, 당시 막 싹을 틔우던 상대성이론, 양자역학 등 세계를 상대적이고 불연속적으로 설명하는 과학적 흐름과 그 맥을 같이 하는 것이었다. 여기에서는 연속성보다는 파편성, 선형성보다는 형태(forms)가 중요시되었다. 이 시기 사진에서도 19세기의 지배적 사진양식이었던 회화적 사진을 반대하고, 카메라 기능에 충실한 리얼리즘 사진을 주장하는 근대 조형예술(plastic art) 이론이 도입되었다.[9]

원래 조형예술은 회화, 조각, 건축, 공예 등 공간예술을 뜻하는 것이었으나, 입체파 작업은 급기야 입체적 공간표현에 시간 개념을 포함하는 데까지 이르렀다. 1910년 입체파의 본격화에 대해 카메라 전문잡지인 *Camera Work*은 "조형예술에는 한꺼번에 모든 방향으로 투사되는 거대하고 압도적인 공간감의 지각이라고 기술될 수 있는 4차원이라는 것이 있는데, 이는 널리 알려진 3각 측정을 통해 실현된다"고 말했다(Weber, 1910, p.25). 여기에서 말하는 4차원이란 20세기 초반 서구미술계에서 널리 회자된 평면 캔버스 상의 3차원 공간표현(X, Y, Z) 개념을 넘어서서 입체공간에 '시간'의 개념을 포함한 것이었다(T, X, Y, Z). 이때 시간은 공간 속에서 시간 특유의 연속성으로 제시되지 않았다. 생각이 표현에 선행하는 입체파는 어떤 보기(본 것 또는 본 것이라고 생각한 것)를 파편화된 '형태'로 표현했다. 따라서 입체파는 세계를 다중적인 시간 속에 형상화되거나, 다중적인 원근법을 시각적으로 표현하는 등 시간이 캔버스라는 평면 공간에 파편적 형태로 표현하였다. 입체공간에서의 이같은 시간 개념은 드론 영상에서 매우 중요하다. 드론 촬영은 어떤 장소 혹은 공간 내에 존재하는 대상의 채취이기도 하지만, 그 장소와 공간을 경유했던 시간의 채취이기도 하기 때문이다. 또한 다중적 원근법에 의해 대상의 다양한 측면이 파편적 형태로 표현되기 때문이다. 대표적인 예로서 공간을 훑으면서 그 공간의 시간성을 채취하는 타임랩스(time-lapse) 촬영기법은 입체적 공간 보기에서 시간이 어떻게 결부되는지를 잘 보여준다. 어떠한 공간에도 미끄러져 들어가는 드론 고유의 운동성이 공간과 시간을 입체적으로 채취해낸다.

그렇다고 드론의 입체적 표현을 입체파의 그것과 동일하게 보는 것은 바람직하지 않다. 입체파가 2차원의 평면에 파편화된 입체성, 즉 파편화된 장면과 장면을 이어붙여 불연속적 입체성을 구현했다면, 드론은 장면과 장면 사이의 미세한 지점까지 파고들어 '연속적 입체성'을 실현한다. 운동하는 드론의 입체적 보기는 전-후-좌-우, 위-아래, 심지어 사선(diagonal)도 포함한다. 그렇기 때문에 드론영상은 피사체와 피사체, 그것들을 둘러싼 다양한 정보들의 관계로 인해 높은 수준의 현장성과 생동감 넘치는 역동성을 표현해낼 수 있다. 비유컨대 피카소의 작업이 캔버스 평면에 파괴적 형태의 조각적이고 표현적인 큐브로 작업했다면, 영상드론은 큐브를 넘어 사물에 대한 전방위적 영상들을 매끄럽게 채록한다. 그런 점에서 입체파의 그림이 특유의 굵은 큐브로 입체성을 표현한 것이라면, 드론영상은 양자(quantum) 단위로까지 미세하게 파편화된, 그러면서도 모든 각도에서 바라보는 연속성의 큐브로 대상을 표현한다.

(1)   (2)

(3)

[그림 22] 태풍 하이옌 피해 드론영상

설명: 드론이 야자나무 사이로 날면서 폐허가 된 태풍현장을 들여다본다. 그런 시선을 따르는 시청자는 마치 '미디어에 올라 탄 듯한' 느낌을 받는다.

그렇기 때문에 영상드론의 전시점적 보기는 이른바 '들여다봄'과 같은 체험적 시각활동을 제공한다. 위의 [그림 22]의 태풍 하이엔 파괴 영상이나 앞서 [그림 21]의 파괴된 아파트 영상 사례처럼 드론은 어느 지점에서 어느 지점으로, 외부에서 내부 거꾸로 내부에서 외부로 들여다보듯 훑고 지나간다. 따라서 드론영상에서는 핵심적으로 기록하는 대상 외에 그것을 둘러싼 어느 것도 버릴 수 없는 중요한 정보이다. 이같은 들여다봄은 드론의 자동력 기술로 인해 어느 방향으로 날면서, 정지비행, 선회비행, 추적비행 등 다양한 움직임으로 수행된다. 정지비행하거나 선회비행하면서 핵심 대상물에 집중하면서 빠르게 움직이는 주변을 대비시키는 타임랩스에서 중요한 것은 빠르게 움직이는 주변 정보를 드론이 비행을 통해 얼마나 창조적으로 담아내는가이다. 사실 본다는 점에서 보면 드론이나 기존의 카메라 모두 응시, 관조, 주목 등 다양한 봄의 방식을 실행한다. 하지만 드론은 특유의 자유로운 움직임을 통해 바라보는 대상과 드론 사이에 존재하는 갖가지 사물이나 공간을 '경유하며' 보기 때문에 보는 대상뿐만 아니라 대상과 맞닿아 있는 갖가지 정보의 표현이 매우 중요하다. 드론의 연속적 입체성은 결국 관계성을 통해 실현된다. 이는 줌인이나 하이퍼줌인과 다르다. 줌인의 경우 대상을 보는 이에게 던지는 개념이지만 드론은 보는 이가 직접 대상으로 나아가는 방식이다. 그것은 마치 안부를 묻기 위해 원격에서 전화를 하거나 메일을 보내는 것이 아니라 직접 방문하는 것과 같다. 이 같은 보기방식이 스테디 캠이나 지미집에서 있기는 했지만 드론만큼 역동적일 수는 없었다.

3. 드론영상: 매끄러운 운동영상

드론이 방송영상에 던지는 의의는 새로운 영상문법, 이른바 '드론 영상문법'의 창조에 있다. 무엇보다 드론은 카메라워킹에서 '영상의 축'(axis) 개념을 모호하게 한다. 드론은 특정한 축에 얽매이지 않고 자유로운 '이동' 속에서 촬영한다. 앞서 말한 무인 항법이라는 대기 속에서의 운동 논리가 드론영상에 그대로 적용된다. 영상에서 보여지는 대상 혹은 장소가 카메라의 줌인/줌아웃이 아니라 카메라 자체의 굴곡없는 이동(seamless movement)을 통해 표현된다. 그렇기 때문에 드론영상은 '매끈한 운동영상'이다. 미끄러져 들어가는 듯한 느낌의 영상은 드론이 창조해낸 특별한 영상세계이다.

매끈한 운동영상에 대한 아이디어는 일찍부터 있었던 것으로 보인다. 이에 대한 글을 하나 소개한다. 아래 글은 *Ways of Seeing*의 저자 존 버거(J. Berger)가 〈카메라를 든 사나이〉로 유명한 러시아 다큐멘터리 영화감독 지가 베르토프(D. Vertov)의 글을 소개한 것이다. 이 글은 카메라의 등장이 보는 방법에 미친 영향에 대해 쓰고 있다.

> 나는 눈이다. 기계눈. 기계눈인 나는 당신에게 내가 볼 수 있는 방식으로만 세계를 보여준다. 나는 오늘 그리고 영원히 인간의 속박으로부터 나 자신을 자유롭게 한다. 나는 끊임없는 움직임 속에 있다. 나는 사물에 다가갔다가 그로부터 저 멀리 사라진다. 나는 그 밑으로 기어들어가기도 한다. 나는 달리는 말의 입을 따라 움직인다. 나는 떨어지고 솟아오르는 육체들과 함께 떨어지고 솟아오른다. 이것이 혼돈스런 움직임 속에서 기동(機動)하고, 극도로 복잡한 조합물에서 이러 저러한 움직임을 기록하는 나, 기계이다(Vertov, 1923/Berger, 1972, p.17 재인용).

영화에서는 다양하게 표현되는 영상연출의 역동성을 확인할 수 있다. 하지만 지금까지 영화 혹은 TV에서 표현된 역동성은 인간 육안의 직접적 경험이 아니라 편집을 통해 연출된 세계였다. 베르토프가 위에서 언급한 영상세계는 어디까지나 편집과 연출이지 실제로 그런 것이 아니다. 편집이나 연출이 없이 달리는 말과 함께 움직이거나 떨어지는 육체와 함께 움직이는 카메라가 지금이라도 가능할까? 저 좁고 깊은 구멍으로 미끄러져 들어가는 듯한 느낌은 지금의 카메라로 표현할 수 있을까? 말과 함께 달리는 자동차에 카메라를 올릴 수 있지만 거친 광야를 말과 함께 달릴 수 있는 자동차가 얼마나 있을까? 자동차의 흔들림, 비용은 또 어떠한가? 결코 쉬운 일이 아니다. 그 속도감과 복잡미묘한 공간촬영은 연출일 뿐 현실이 아니었다.

그러나 드론 혹은 드론의 기술이 적용된 카메라의 시선은 이것이 가능하다. 드론은 말의 속도와 함께 달릴 수 있고, 떨어지는 육체와 똑같은 속도로 떨어질 수 있다. 어느정도 숙련되면 달리는 말과 함께 이동하면서 그 말을 360도 촬영할 수도 있다. 창공의 빗방울과 똑같이 떨어질 수도 있고, 들쥐를 향해 돌진하는 참매와 같은 속도로 낙하할 수도 있다. 그렇기 때문에 빗방울이나 참매의 시선으로 세계를 표현할 수도 있다. 좁은 구멍, 가령 이곳에서 저곳으로의 미끄러져 들어가는, 마치 뱀의 이동처럼 보이는 공간감 역시 가능하다. 짐벌(gimbals) 기술이 적용된 카메라는 복잡미묘한 공간으로 손쉽게 미끄러져 가는 운동감을 영상으로 담아낸다. 뿐만 아니라 타임랩스 기법을 통해 공간과 공간 간의 느슨한 실시간적 이동을 다이나믹한 이동으로 전환해낼 수도 있다. 반드시 드론이 아닐지라도 드론으로부터 영감을 얻은 갖가지 '스마트 카메라'가 완전히 새로운 영상세계를 구현해낸다.

드론의 매끈한 운동영상 개념으로 볼 때, 드론영상은 '전체'와 '부분'을 입체적으로 연결하는 것을 특징으로 한다. 입체파의 그림이 파편적인 시간성을 띤 어떤 장면을 평면에 이어붙였다면, 드론영상은 전방위적 다시점이기 때문에 사물의 연속적 움직임을 '스캔'하듯이 표현한다. 이동하는 드론은 해당 사물의 전체는 물론 부분을 꼼꼼하고 세밀하게 스캔해낼 수도 있다. 이는 비단 드론의 동영상에 국한되는 것이 아니다. 드론이 찍은 정지영상의 경우도 마찬가지이다. 이동과 함께 쏟아내는 수많은 정지영상은 전체와 부분을 중복적이면서도 상호연결적으로 표현해낸다.

연속성을 특징으로 하는 매끈한 운동영상은 비단 창공의 드론영상만의 특징은 아니다. 뒤에서 살펴보겠지만, 드론의 짐벌 기술이 적용된 최근의 영상기술은 기존의 카메라 개념을 버리면서도 이같은 영상을 탁월하게 표현한다. 스마트폰 카메라는 어느덧 전문영상장비가 되었다. 360도 영상 역시 마찬가지이다. 영상기록장치인 카메라가 아날로그 필름에서 디지털화된 이후 그 존재방식 자체가 변하고 있다.

4. 영상드론, 포스트 카메라 시대의 혁신과 과제들

드론영상의 극사실적 표현을 통해 우리는 이른바 '스마트 카메라'가 새로운 영상세계를 이끄는 기본 동력이라는 점을 확인할 수 있다. 스마트 카메라는 어떤 조건에서도 영상 채취가 가능하고 그 품질 또한 뛰어나다. 앞서 말한 매끈한 운동성의 영상은 공간적 제약이 있기는 하지만 최근 개발되고 있는 대부분의 스마트 카메라에 일관되게 나타나는 현상이다. 이제 스마트 카메라 기술 진보는 영상채취에 소요되는 비용을 획기적으로 합리화시켰을 뿐만 아니라 기존의 카메라 존재양식, 더 나아가 영상 채취의 노동행위마저 바꾸고 있다. 그 의미는 6mm 카메라와 비교해 보면 보다 분명해진다.

드론은 6mm 카메라가 그랬던 것처럼 영상채취에 소요되는 비용을 크게 줄였다. 1980년대 등장한 6mm 카메라는 1970년대 초 처음 '현장'을 영상으로 담을 수 있었던 기동력있는 ENG의 종언을 이끌어 냈다. 소형이면서 가볍고, 쉬운 작동법에 고화질과 저렴한 경제성까지 갖춘 6mm 카메라는 방송산업의 효율성을 개선시킴은 물론 TV 영상의 새로운 영역을 개척할 수 있었다. VJ 저널리즘이나 직업으로서 VJ의 등장에서 경제성 요인은 예나 지금이나 중요하게 인식되고 있다. 〈무한도전〉, 〈1박2일〉과 같이 50여개에 이르는 카메라가 담아내는 영상미는 이전과 비교해 분명히 차별적이었다.

2010년대 기하급수적으로 발전한 스마트폰의 카메라 기술은 여기에서 한 걸음 더 나아간다. 10년 전에는 고급 카메라에만 적용되던 전문 영상기술이 일반 이용자들의 스마트폰에 고스란히 탑재되었다. 지금 온라인 영상 플랫폼에 넘쳐나는 영상의 상당부문이 스마트폰에 의한 것이다. 드론은 이같은 스마트폰 또는 같은 계열의 태블릿 PC와 협업하면서 생태계를 만들어가고 있다. 대부분의 드론은 스마트 스크린 장치와 연동하여 하나의 세트로 구성되어 있다. 즉 스마트 스크린이 기존 카메라의 뷰파인더이거나 조정장치가 되기도 한다. VR 기술은 드론화면을 마치 게임 화면의 그것처럼 '내'가 보는 것으로 변용되어 고도의 VR-텍스트성(VR-textuality)을 실현한다.

그런 드론-스마트폰 기술은 더 나아가 고품질에 초소형화된 새로운 개념의 카메라를 낳고 있다. GoPro라든가 DJI-OSMO 등이 대표적이다. 아래 그림은 2016년 10월 한국전자전(KES)에서 선보인 DJI-OSMO이다. 드론계의 애플이라고 불리는 DJI가 개발한 이 장비는 드론 카메라 기술과 스마트폰을 연동시킨 핸드헬드 카메라로서 기존의 카메라 관습과 완전히 다른 이른바 '포스트 카메라'(post camera) 시대의 신호탄으로 평가된다. 스마트폰을 마치 6mm 카메라 뷰 파인더처럼 활용하는 이 장비는 4K 수준의 UHD 화질에 흔들림 방지 장치, 슬로모션, 타임랩스, 방송 또는 영화 모드, 화이트밸런스, 수동과 자동 등 전문 카메라 기술이 집약돼 있다. 심지어는 스마트폰과 최대 25m 떨어져서도 연동된다. 그에 반해 비용은 6mm 카메라 시스템에 비해 월등히 싸고 휴대도 간편하다. 백팩이나 자동차, 자전거 같은 곳에 거치해서 쓰기도 좋다. 지금은 이를 응용한 다양한 종류의 포스트 카메라류가 대거 출시되고 있다.

[그림 24] 다양한 활동성을 고려한 DJI-OSMO

이 같은 카메라의 진화는 기존의 카메라 개념을 완전히 바꿔놓고 있다. 카메라의 모양과 기능, 활용방식 등 제 영역이 이전과 완전히 달라지고 있는 것이다. 6mm 카메라를 포함한 일반적인 방송 카메라는 진보의 동력을 잃은 듯 보인다. ENG에서 6mm 카메라로 이전할 때만 하더라도 '동일 계열' 내에서의 카메라 진화일 뿐이었다. 하지만 위와 같은 포스트 카메라류는 카메라의 존재양식 면에서 이전과 동일 계열이라 할 수 없다. 요즘 생활 속에서 널리 사용되고 있는 GoPro의 경우 가슴, 모자, 다리, 목, 자전거 혹은 자동차에 장착하지 못하는 것이 없다. 이 모두는 스마트 기술을 바탕으로 개발된 것이다. 포스트 카메라는 인류가 즐기는 영상이 정적인 상태에서 매끈하고 운동감 넘치는 영상으로 진화하는데 견인차가 되고 있다.

새로운 기술은 새로운 문화와 새로운 시장뿐만 아니라 새로운 직업도 낳는다. 6mm 카메라가 역동적인 화면으로 상징되는 VJ저널리즘과 VJ 직업군을 등장시켰다면, 드론 또한 '드론 저널리즘'과 '드론 조정자'도 가능할 것이다. 하지만 드론이 영상 문화에 제대로 기여하기 위해서는 해결해야 할 과제가 만만치 않게 많다.

가장 큰 문제는 드론을 배우는 방식과 드론을 논의하는데 있어서 아마추어주의이다. 아직까지 방송촬영장비로서 드론에 관한 교육은 드론을 날리고 촬영하는데 급급한 수준이다. 무엇인가를 날리는 것 자체가 주는 신비로움이 여전히 드론을 둘러싼 중심 담론이다. 새로운 영상혁신을 위해 노력하고 있지만 여전히 하늘 위에서 내려다보는 부감샷이 마치 드론 샷의 모든 것인 것처럼 간주되기도 한다. 드론 촬영에 관한 체계적인 연구와 학습체계가 없기 때문이다. 이 책의 2장에서 드론 비행과 촬영에 관한 실전을 구할 수 있다.

드론과 관련된 법제적 이슈는 드론의 정착에 매우 중요하다. 드론은 표현의 자유의 도구인가? 과거 어떤 영상장비보다 프라이버시와 재산권 침해가 쉬운 드론은 알권리를 어느 정도 주장할 수 있는가? 비행금지구역은 해결 불가능한 금역의 구역인가? 이 책의 3장은 드론 운용의 제도화된 규제 이슈에 대한 내용을 제공한다.

CHAPTER 4

물류로서 드론:
21세기 속도의 병참술

1. 가속도의 시대: 비단길, 아우토반, NII 그리고 드론

드론을 영상매개 장치로 보는 것 외에 드론과 인간간의 주요 접목점으로 물류와 비행체 개념이 있다. 여기에서는 속도기계로서 드론의 물류적 의미와 시각기계로서 드론의 비행 전쟁술에 대해 간략하게 검토한다. 이 두 가지 영역 또한 영상드론과 직접 또는 간접적으로 연결되어 있기 때문이다. 흥미롭게도 이 두 영역 모두 폴 비릴리오(P. Virilio)의 속도 개념에서 통찰을 얻을 수 있다.

드론은 속도기계이다. 기본적으로 드론은 인간이 가지 않았던 곳을 가로질러 가기 때문에 빠르다. 또한 GPS와 네비게이션, 센서 등으로 좌표화되기 때문에 정확하다. '신속성'과 '정확성'은 속도기계로서 드론의 최대 미덕이다. 이런 미덕은 지금까지 인류가 만들어낸 이동로에서 가장 진일보한 것이다. 비단길이 이 세계와 저 세계를 이어준 인간도보의 물리적 길이었다면, 아우토반은 이곳과 저곳을 기계의 속도로 이어주었다. 그에 반해 NII(National Information Infrastructure)는 인간의 직접 이동이 배제된 초고속의 이동로이다. 이동하는 것은 사람도 물건도 아닌 정보이다. 그런 정보만으로도 대부분의 경제활동과 사회적 삶이 가능해지면서 정보 네트워크의 시대가 활짝 도래 했다.

드론은 이와는 전혀 다른 개념의 이동 시대를 열고 있다. 애초에는 사람이 배제된 채였지만 점차 사람을 포함한 물리적 이동을 고려하는 듯 보인다. 여기에서는 자동차에서 보여줬던 운전(steering) 개념이 없다. 운전이라기보다 찾아가기(navigating)에 가깝다. 앞서 말한 갖가지 정보기계에 의해 자동화된 운행이 이뤄지기 때문이다. 실제로 지금의 드론은 직접 운행을 위한 조정 앱에 자세제어는 물론 충돌방지, 자동리턴 등 항법과 관련된 여러 가지 자동화 기능을 탑재하고 있다. 더불어 드론은 아무 것도 없는 대기를 사용하기 때문에 본질적으로 최단거리로 이동할 수 있다. 막힘이 없는 공간에서 자동화된 기계장치를 통해 정확한 속도를 제어할 수 있다.

따라서 속도기계로서 드론은 일의 시작과 끝을 매우 간결하게 처리한다. 〈한계비용제로의 사회〉가 설명하듯(Rifkin, 2014), 자동화된 경제 시스템은 추가로 투입되는 자원 외에 새로운 가치 실현을 위해 소요되는 비용이 거의 없다. 로봇 시스템, 3D 프린팅과 함께 드론도 여기에 해당한다. 가령 전세계적으로 배달의 속도가 빠른 우리나라 하더라도 주문에서 배송완료까지는 평균 하루 이상이 걸린다. 땅이 넓은 미국은 더할 나위 없다. 그러나 드론 배송을 시스템화하는 아마존의 프라임 에어는 16Km 이상, 2.3kg 이하의 조건이 충족되면 '주문 후 30분 이내' 배송완료를 목표로 한다. 과정이 혁신적으로 생략되어 실시간적 배송이 가능하다는 말이다. 이는 인간 삶 전체의 가속성을 높인다.

인간의 삶과 속도의 관계는 매우 중요하다. 속도란 무엇이고 갖가지 속도기계는 어떻게 삶에 작용하는가? 이에 대해서는 도시문명을 전쟁 기술의 문명사(속도와 정치), 현대전을 군사기술의 시각기계의 발전으로 살펴보면서(전쟁과 영화) 인간의 인지에 미치는 속도와 시각의 문제를 사회탐구의 전면에 내세웠던 비릴리오(Virilio, 1977/2004; 1989/2009)의 작업에서 많은 힌트를 얻을 수 있다. 비릴리오의 논지로 볼 때 지금과 같이 미디어화된 사회에서는 속도가 자본이나 노동, 문화, 계급의 자리에 버금하는 개념으로 받아들여져야 한다. 미디어화(mediatization)는 미디어가 매개에 의한 효과나 재현을 넘어서서 일상생활의 모든 측면들이 미디어 수렴적(media-centered)으로 변해가는 사회변동(social transformation)의 상태를 지시하는 개념이다. 미디어화는 미디어의 과잉을 넘어 미디어가 인간 조작의 단계와 거리를 두고 있는 것처럼 보이는 알고리즘화, 인공지능화로 인한 사회적 핍진성(逼眞性)의 기계로 나아가고 있음을 지시한다. 결국 질문이 생기는 순간 답이 찾아지는 가속도의 시대에 속도는 기계와 인간간의 관계를 고찰하는 인간공학적(human-engineering) 개념이다. 공간의 체험은 각기 다른 속도를 가진 속도기계(기차, 자동차, 드론, 미디어 등)와의 상호작용 속에서 발생한다. 인공지능화된 미디어 기계의 일처리는 정확하고 빠르다. 효율성이 극대화된 이 사회에서 속도는 가장 큰 미덕이다.

비릴리오에 따르면, 통신이나 기차, 비행기 등 고속 운송체는 모두 가속을 통해 우리와 사물의 시공간 관계를 근본적으로 바꿔놓는 '속도기계'이다. 미디어 역시 마찬가지이다. 손쉽게 지역은 물론 국경을 넘나드는 인터넷은 더욱 그러하다. 우리는 미디어를 통해 다양한 세계를 경험하지만 실상은 그 경험이라는 것은 수많은 편집과 반복의 이미지, 드라마틱한 볼거리, 기쁨에서 슬픔, 분노 그리고 다시 즐거움 등 현기증날 정도로 복잡한 콘텐츠로의 여행이다. 그렇지 않았으면 많은 시공간적 노력이 필요했을 원거리의 일들이 이제 원격 실시간으로 함께 존재하는 것이 되었다. 따라서 미디어 경험의 관점에서 빠름의 정도는 '정보의 양'이다. 빠르다는 것은 주어진 시간에 처리해야 하는 정보가 많다는 것을 뜻한다. 그렇기 때문에 현대사회에서 속도(감)는 시간을 분모로, 정보(실제로는 이동거리)를 분자로 하는(정보÷시간) 경험의 세계이다. 속도가 빠르다는 것은 주어진 시간에 처리해야 하는 정보가 많다는 것이고 그래서 바쁜 '가속도의 사회'(acceleration society)이다(Rosa, 2009). 하지만 아이러니하게도 우리는 속도기계가 마련해준 시간을 비워둔 채 살아가지는 않는다. 빈 시간은 또다른 일로 다시 채워진다. 그래서 시간은 늘 부족하다.

시공간 압축(Harvey, 1990)과 시공간구속성탈피(disembedding)(Giddens, 1990), 시공간적 동시성(Kern, 1983) 등 현대사회의 경험양식을 비릴리오적 관점에서 풀어보면 현대사회는 '속도에 의한 공간 소멸'의 시대이다. 전자의 논의는 비록 그같은 시공간적 조직화가 대중을 자본주의적 틀 속으로 더욱 갇히게 한다고 비판할 지라도, 시공간적 극복은 기본적으로 자유나 해방을 의미한다. 그에 반해 비릴리오는 그것이 오히려 대중으로 하여금 더 이상 오갈 데 없는 삶의 긴장감 넘치는 구속과 억압을 가져온다고 본다. 이는 속도기계가 앞서 살펴본 시각기계와 병진하면서 감시와 통제의 기획 장치이기 때문이다. 속도와 시각을 겸비한 갖가지 기계들은 어느 곳으로든 침투하여 의도를 수행할 수 있다. 속도기계가 인간사회에 작용한 것을 한마디로 말하면 '공간에 대한 개입'인데 공간을 빼앗긴 인간은 더 이상 도피할 곳, 안전한 곳을 찾지 못한다. 속도가 주로 작용했던 것은 전쟁과 같은 파괴의 기획에 따른 것이기 때문이다. 전통적으로 전쟁은 공간을 점유하는 게임같은 것이었지만 이제는 그렇지 않다. 로켓 발사체가 특유의 속도로 국경과 영토에 개입해 그 경계를 무위로 만드는 것처럼, 공간의 점유 또는 공간적 분리는 속도기계로 인해 더 이상 안전한 우리의 것이 아니다. 그것은 언제든지 침범가능하다. 가속도가 등장하기까지 자유로웠던 공간이 이제는 언제든지 침범가능한 위태로운 상태가 되었다. 공간이 시간의 지배를 받는 시대가 도래한 것이다.

실제로 우리는 거리로 지각되는 공간적 분리가 더 이상 삶을 구속하지 못하는 사회에 살고 있다. 지구 반대편 누구와도 금전거래는 물론 주식거래가 가능하다. 마음먹기에 따라서는 그들의 일거수일투족을 들여다볼 수도 있다. 뿐만 아니라 과거에서 현재에 이르기까지 한 개인이나 조직, 주장, 의제, 여론, 심지어 이론이나 개념 등의 이력을 한 눈에 살펴볼 수도 있다. 인터넷이라는 거대한 속도기계가 작동하기 때문이다. 대중화 단계에 들어선 드론은 더 말한 나위 없다. 로켓 발사체를 지금의 드론, 위성방송, 인터넷 등으로 대치해 보면 그 의미는 더욱 분명해진다. 결국 속도의 발달로 인해 인간이 중요하게 생각하는 차원은 영토지정학에 뿌리를 둔 '공간 차원'이 아니라, 실시간 정보 교환, 시장 활동, 세계적 자본 이동의 관리 등으로 요약할 수 있는 '시간 차원'이다. 정치가 그렇고 경제가 그러하며 전쟁이 그러하다. 일상적 삶이라고 다를 바 없다.

속도는 궁극적으로 시공간적 소멸을 야기한다. 소멸은 가속성에 의한 인지작용, 관계성, 의미 등이 시나브로 사라진다는 점을 지적하는 개념이다. 비릴리오가 자신의 속도 논의를 질주학(dromology)으로 정의한 것은 속도의 중요성이 가속에 있어서기보다 '질주의 과학' 또는 '질주의 논리', 즉 질주라는 운동성의 과정과 그 결과를 강조하기 위해서였다(강진숙, 2012a, 2012b 참조). 비릴리오에 따르면, 현대사회는 속도를 통해 경쟁하는 '질주의 논리'로 설명된다. 정치논리나 경제논리와 마찬가지로 미디어 논리, 더 나아가 속도를 현상의 본질로 파악하려는 질주의 논리를 생각해 볼 수 있다. 속도가 빠르다는 것은 그 속도를 구성하는 어떤 사물의 빠른 이동에 그 본질이 있는 것이 아니라 빠른 속도가 빚어내는 공간으로의 개입과 개입의 상호작용, 이것과 저것, 이곳과 저곳간의 교차편집 등 질주의 논리에 본질이 있다는 것이다. 이는 현실과 매개된 것, 현실과 가상세계간의 착각을 야기하는 '망각' 혹은 '감각의 마비'가 일상적으로 발생한다. 가속도의 미디어가 현실을 인지하는 감각을 흩트려 놓음으로써 현실이 불투명하게 지각된다는 것이다. 만약 누군가가 그런 미디어의 속도를 지배한다면 그는 분명히 권력자이다. 권력투쟁은 더 빠른 속도를 소유하기 위한 투쟁에 다름 아니다. 지배의 방식이 공간의 지배에서 시간의 지배로 전환됐다.

따라서 미디어는 단순한 재현의 도구가 아니라 어느 곳으로의 순간적인 이동으로 인지와 기억, 성찰의 소멸을 강제하는 '탈 것'(vehicle)이다. 비릴리오에게 있어 미디어는 보고 듣는 것이 아니라 탈 것이다. 그것도 고속으로 움직이는 탈 것이다. 우리는 질주하는 미디어에 올라탄 채 휙휙 지나가는 주변 풍경을 본다. 그런 것들을 흔히 정보라고 하는데 질주하는 미디어에서는 하나의 정보를 얻는 순간 또 다른 정보가 도달한다. 인터넷에서의 검색을 떠올려보자. 셀 수 없는 검색결과가 펼쳐진다. 개별 정보들은 우리를 그 정보가 안내하는 어떤 곳으로 순식간에 우리를 데려갔다 데려온다. 이 정보와 저 정보가 어떻게 연결되어 있는지, 정보의 생산시기, 생산주체, 유통경로, 대중의 평가 등 이용자 스스로 정보 리터러시가 없다면 제대로 활용하기 힘든 정보들이다. 이 정보와 저 정보를 처리하다 보면 또 다른 정보가 도달하고 급기야는 정보와 정보가 혼선을 빚는다. 검색하여 활용하던 때는 분명했던 정보들이 불과 몇 시간 며칠 사이에 흐릿하게 사라져간다. 따라서 탈 것으로서 미디어는 감각의 확장이라기보다 감각의 과잉이고, 그렇기 때문에 기억과 인식의 소멸을 이끈다.

가속도의 사회를 살아가는 현대인들은 노동을 대체하는 각종 테크놀로지로 인해 겉으로는 많은 자유를 갖지만 오히려 스트레스와 시간부족에 시달린다. 얼핏보면 속도의 증대와 시간의 부족은 모순어법처럼 보인다. 하지만 현실적으로는 그렇지 않다. 가령 가상세계와 증강현실의 속도기계들은 비어있는 공간과 공간, 시간과 시간 '사이'(interval)를 촘촘하게 채움으로써 행위와 행위, 공간과 공간을 자연스러운 '흐름'(flow)으로 재구성해낸다(임종수, 2011). 각기 다른 공간이 매끈한 하나의 공간으로 전화되는 '흐름의 공간'(space of flow)은 사실상 다양한 일로 채워지기를 기다리는 공간이다(Castells, 1996, Ch.6). 속도기계 덕분이다.

속도의 사회에서 인간은 사유의 기회, 결정의 기회를 박탈당해 있기 십상이다. 예컨대 세상에는 긴급하고 중요한 것, 긴급하지만 중요하지 않은 것, 긴급하지는 않지만 중요한 것, 긴급하지도 않고 중요하지도 않은 것들이 있다. 속도의 시대 우리는 주로 '긴급하고 중요한 것' 위주로 일을 처리하게 된다. 그 결과 시간배치에 있어 상위의 일이 하위의 일을 하는 시간을 간섭한다. 즉 긴급하지도 않고 중요하지도 않은 일은 물론이거니와 긴급하지만 중요하지 않은 일, 긴급하지 않지만 중요한 일을 하는 중에는 언제든지 긴급하고 중요한 일이 침범해 들어올 수 있다. 그 결과 중요하지 않고 긴급하지 않은 일은 하지 않게 된다. 심한 경우 긴급하고도 중요한 일마저도 완전한 마무리를 하지 못하고 대충 얼버무리듯 끝나는 경우도 많다. 무엇을 할 것인지 결정은 중요도와 함께 긴급성에 따라 주어진다. 따라서 개개인의 일들은 항상 마무리되지 않은 상태에 있다. 결정하고 마무리하려는 순간 이미 또 다른 해야 할 일들이 도착하고 파악해야 할 현실은 저만치 가 있기 때문이다. 이같은 현상은 마치 데리다의 '차연'(差延, différance)과도 비슷하다. 무엇인가가 깔끔하게 마무리되지 못하고 계속해서 다른 무엇인가에 의해 규정되는 그런 조건 말이다. 가속도의 사회에서는 시작과 끝이 없다. 속도기계와 함께 하는 우리는 너무나 바빠서 독서를 못한다고 푸념하지만 실상 너무 바빠서 바쁜 것을 멈출 수도 없다.

드론은 직접 이동을 통한 다양한 매개활동으로 삶의 가속도를 높인다. 드론이 공간과 공간의 즉시적, 직접적 연결을 통해 물리적 세계의 연결성을 높이기 때문이다. 나를 대리하는 드론은 탁월한 자동력의 운동제어 장치와 카메라, 센서, 그 외에도 폭탄이나 낚시대, 개의 목줄 등 무엇이든 배치하여 주어진 '지금 이 순간'의 매개활동을 수행할 수 있다. 빠르고 정확한 사회 배송 시스템의 사회에 드론이 있다.

2. 빠르고 정확한 사회배송 시스템

드론은 이곳에서 저곳으로 '직접' 이동하는 매개체이다. 우리의 감각에 저 멀리의 정보도 제공하지만 직접 어딘가로 옮겨가기도 한다. 그것은 드론이 인간의 감각만이 아닌 인간의 다리와 팔을 대신하고 있음을 뜻한다. 드론이 표상적 미디어로서만이 아니라 물리적 물류의 하나로 작동한다는 것이다. 원래 물류는 앞서 설명한 군사 용어인 병참술(logistics)에서 유래한다.

속도와 관련해 다시 한 번 비릴리오를 참고해 보자. 비릴리오에 따르면, 현대사회는 세 번의 속도 혁명이 있었다. 증기기관차, 자동차, 탱크의 운송혁명, 전송혁명, 이식혁명이 그것이다(Virilio, 1977/2004; 배영달, 2017). 운송혁명은 거리 개념을 축소했다. 서울과 부산의 공간적 개념은 도보로 보름여 거리지만 KTX로는 두 시간 거리이다. 따라서 거리의 축소는 공간의 축소 더 나아가 공간 (개념)의 소멸을 낳는다. 탈영토화(de-territorialization)도 그런 맥락에서 이해된다. 운송수단을 통한 가속성의 기획(시간의 기획)은 국가권력으로 하여금 3 공간을 전유할 수 있게 했다. 보름보다 두 시간이 훨씬 더 강한 공간지배력을 보여준다. 서울광장과 광화문광장은 명칭은 광장이지만 운송수단으로 둘러침으로써 광장의 민주정을 질주정으로 대치한다.

전송혁명은 미디어의 등장에 따른 지리적 공간 개념의 소멸을 의미한다. 미디어는 주체의 직접적 움직임이 생략된 채 공간 경험을 유도한다. 움직이는 것은 내가 아니고 정보이다. 여기에서는 실시간적으로 이곳과 저곳의 연결된다. 자신이 위치해 있는 바로 거기가 곧 세계 어디라도 될 수 있기 때문에 장소 개념은 사라진다(Meyrowitch, 1985). 극한의 속도 속에서 격렬한 공간 경험이 이뤄지지만 주체는 정주의 상태에 있을 뿐이다(극관성 상태). 현실세계의 운동이 거의 박탈된 상태에서 질주의 질서로 편입된 상태로서 현실과 재현 중 무엇이 진짜 현실인지 판단력 쇠퇴의 특성을 보인다. 버튼 하나로 전투를 수행하는 현대의 전쟁론 역시 마찬가지이다.

이식혁명은 인간의 육체와 기술의 경계가 사라지고 육체의 일부분이 기계장치로 대체되는 것을 의미한다. 이식혁명은 비릴리오가 보기에는 미래의 일이지만 벌써 현재진행형으로 벌어지고 있다. 생명공학과 정보과학의 발전이 세상의 모든 사물들을 연결시키고 그 속에서 인간의 육체도 미디어처럼 작동하게끔 되고 있는 지금 시대의 스마트 미디어, 초연결사회 개념이 그것이다. 특이점(singularity)은 이식의 상징처럼 되어있다. 도처의 미디어, 내 몸의 미디어와 같이 이식된 미디어는 전송 상태가 아니라 배태(embedded)적 상태에 있다. 이식의 속도는 전송 단계에서의 속도와는 비교 자체가 무의미할 정도로 가속화될 뿐만 아니라 쌍방향적이다. 따라서 이식혁명에서 속도는 자신을 드러내는 질주이다. 개인은 곳곳에, 마치 곳곳으로 퍼져나가는 포도넝쿨처럼, 자신의 흔적을 남긴다. 여기에서 개인은 더 이상 국가나 기업을 상대할 힘이 없다. 빅데이터는 가속도의 매체에 올라타 있는 개인이 남긴 가장 극적인 배태물이다.

이른바 플랫폼 경제로 변해가는 작금의 산업혁명은 이식혁명의 속도성을 띠고 있다. 주문과 동시에 작업이 진행되는 3D 프린팅, 전기자동차와 같이 빈틈없는 자동조립의 제조업은 물론이거니와 개방형 온라인 강좌, 사물인터넷을 통한 자동결제, 각종 센서로 주행하는 자율주행차 등은 모두 속도의 플랫폼 경제를 향해 있다. 이는 모두 현실의 정보를 데이터로 측정 분석하여 최상의 솔루션을 내옴으로써 물리적 제품은 물론 서비스를 실현하는데 있어 한계비용을 최대로 낮춘다. 드론 역시 마찬가지이다. 드론에 부여되는 최첨단 네이게이션은 궁극적으로 드론 운행을 로봇이 맡게 한다. 카메라 워킹은 VR 기술과의 연합을 통해 그 정교함이 더해 간다. 드론은 점점 더 막임없는 상상력의 가속성을 내면화하고 있기 때문이다. 드론은 빠를 뿐만 아니라 정확한 사회배송 시스템, 다시 말해 극단적으로 효율적인 직접적인 네트워크 사회로의 진화를 촉진시킨다.

CHAPTER 5

비행체로서 드론: 시각기계와 드론 전쟁술

무인비행으로서 드론은 곧바로 정찰(reconnaissance)과 동일시되었다. 이는 드론이 하늘을 나는 눈, 즉 시각기계(vision machine)라는 점을 주지시킨다. 시각기계 개념은 현대사회를 해명하는 중요한 키워드이다. 왜냐하면 시각은 인간의 인식의 한계, 더 나아가 앎의 한계를 설정하는 일차적인 감각이기 때문이다. 망원경이나 현미경과 같은 시각기계는 르네상스 시대와 근대사회의 인식론적 전환에 결정적인 역할을 했다. 두 기계는 모두 인간 육안의 한계를 극복한 것인데, 망원경이 육안 너머 저편의 공간, 심지어는 지구 바깥의 우주로 사유의 폭을 넓혔다면, 현미경은 육안 저 안에 존재하지만 볼 수 없었던 미생물의 존재를 알렸다. 시각기계가 인간 지성의 새로운 지평을 엶으로서 세계가 어떻게 존재한다는 것을 인지하는 체계, 즉 세계관을 바꾸었다.10)

더 나아가 시각기계 개념은 인공지능 시대에 이르러 다른 차원의 시각성, 이른바 생각하는 기계와 어울리는 '생각하는 눈'(minding eyes)의 단계로 진화하고 있다. 생각하는 눈의 단계에서 시각의 주체는 이제 더 이상 인간이 아니다. 알고리즘화된 기계는 갖가지 시각 센서를 통해 사물을 인지하며 주어진 프로그램에 따라 그렇게 인지한 사물과의 상호작용을 결정한다. 인간의 눈은 생각하는 시각의 주체가 판단하는 것을 관리 감독하는데 머물러 있다. 단순히 영상만을 기록하는 CCTV가 아닌 안면인식 또는 이상행동을 인식하는 스마트 CCTV가 대표적인 사례이다. 과속 또는 용의자 자동차 번호를 인지하는 스마트 검문, 동물 또는 식물의 사진만으로 수행되는 사진검색, 얼굴사진 또는 배경화면을 최적화하여 초점을 맞추는 카메라, 평소 멈춰 있다가 움직임이 포착되면 작동하는 블랙박스 등 생각하는 눈은 도처에 존재한다. 드론은 이 모든 시각장치를 장착하여 어느 곳에서도 존재하며 무엇이든 볼 수 있다.

현대사회에서 시각기계에 의한 보기의 문제와 지각, 운동, 시간의 관계에 대해서는 비릴리오(P. Virilio)의 논의에서 많은 힌트를 얻을 수 있다. 현대사회의 넘쳐나는 시각기계는 시간을 기록하고 통제한다(Virilio, 1988/1994). 시각기계는 사물의 형태를 인지할 뿐만 아니라 시각적 영역을 완전히 이해하고 근거리에서나 원거리에서의 복잡한 보기를 구현해 낸다. 이 시각기계는 기본적으로 인간의 눈을 대신하기 때문에 인간의 통제 하에 있지만 점점 더 컴퓨터와 인공지능으로 통제되어 간다. 오늘날 넘쳐나는 미디어들은 어느 곳 어떤 행위든 그 흔적들을 추적할 수 있다. 그 결과 인간이 무엇을 보는 것이 아니라 그 무엇이 인간을 보는 것처럼 되어간다.

시각기계의 활용성은 전쟁수행 속에서 길들여져 왔다. 제1차 세계대전 당시 빗발치는 총탄과 처음 등장한 공중전, 화학무기, 암호와 같은 '비가시성' 전술은 의심할 여지가 없었던 인간 육안 내에서의 전투를 가뿐히 넘어서 버렸다. 전장에서 인간은 "공격이라는 사명을 완수하기 위해 인공 보철에서 물질적 도움을 받아야 하는" 과정에 서로 긴밀하게 연루되어야 했다(Virilio, 1977/2004, 140쪽). 그런데 시각은 정적인 것보다 동적인 것을 좋아한다. 동적이라는 것은 시작과 끝이 있는 운동이다. 따라서 시각기계에 의존하는 전쟁은 적의 육안이나 시각기계로부터 나를 숨기고 적을 드러내는 운동 게임과 같이 되어 버렸다. 점점 더 전장은 비행기, 탱크, 미사일 등 가속화된 기계들의 소음, 진동과 함께 그런 기계들을 움직이는 정교한 자동화된 시각기계들로 넘쳐났다. 극단적인 상상을 해 보면 이제 전쟁은, 실제로 전투는 인간과 인간이 만나 피를 흘리는 격돌의 장이 아니라 생각하는 시각기계의 조정을 받는 기계와 인간, 기계와 기계의 충돌이라는 '자동화된 전쟁술'(automated warfare)로 가득 차 있다. 드론은 그런 자동화된 전쟁의 이미지를 대표하는 시각기계이다.

미디어의 발전이 전쟁 기술로부터 비롯되었다는 점을 염두에 둔다면 전쟁이 점차 미디어화해 온 사실은 의미심장하게 살펴볼 대목이다. "현대전쟁은 미디어전이다"는 것은 1991년 걸프전에서 최초로 실행된 전쟁의 중계에서 극명하게 드러난다. CNN은 전쟁이라는 인간살상의 참극이 총알과 폭탄이 빗발치는 화약냄새 가득한 전투현장이 아니라 안락한 저녁식사와 함께 하는 한 편의 TV 시리즈로 실현해보였다. 그 이전 스페인 내전에서의 〈어느 인민전선 병사의 죽음〉이나 베트남전에서 〈사이공식 처형〉에서 볼 수 있었던 살인의 끔찍함은 현대의 미디어전에서 더 이상 노출되기 쉽지 않다. 넘쳐나는 미디어의 시대에 오히려 그런 정보는 적극적으로 통제되기 때문이다. 10여년이 지난 2003년 제2차 걸프전은 전쟁을 TV전에서 인터넷전으로 전환시켰다. 전쟁은 물론 모든 인간활동에 대한 영상정보가 폭발적으로 늘어났다. 더욱이 10여년을 사이에 두고 안방의 전쟁이 시뮬라시옹의 전쟁으로 바뀌었다. 둘 다 잘 짜여진 미디어 내러티브로 조성되어 있어 전쟁의 비극을 찾기는 쉽지 않다. 특히 후자는 전쟁이 일어난 것인지 게임이 진행되었는지 착각이 들 정도이다. 곰곰이 생각해 보면 "걸프전은 일어나지 않았다"(Baudrillard, 1991)는 말이 참인지도 모른다.

전쟁을 경험하고 바라보는 세계는 무인비행기에 달린 카메라 렌즈로 포착한 매개된 시선의 결과물이다. 그것은 갖가지 전쟁 오락물의 시선과 놀랍게도 일치한다. 그 결과 전쟁의 세계는 시뮬라시옹적인 오락물의 세계와 구분되지 않는다. 드론뿐만이 아니다. 군인의 헬맷이나 가슴에 부착된 카메라 영상 역시 마찬가지이다. 비디오 게임과 매개된 전쟁의 세계는 놀라울 정도로 닮아 있다. 그런데 그런 영상을 통제하는 것은 전장의 군인이 아니라 갖가지 커뮤니케이션 네트워크로 연결된 교외 은밀한 가옥 또는 일반 가정에서이다. 폭격해야 할 대상은 드론 카메라에 의해 실시간으로 모니터링되고 명령이 내려진다. 전쟁의 가정화(domesticating war)로 명명되는 이같은 특징은 전쟁의 존재방식이 전투 현장의 일이 아니라 관료화된 살생(bureaucratized killing)으로 재조정되는 것과 결부된다(Asaro, 2013). 이제 전쟁은 의사결정권자에게 관련된 모든 정보가 전송될 뿐 아니라 그들의 의사결정이 실행될 수 있다는 점에서 마치 시뮬라시옹의 게임과 같다.

미디어가 넘쳐나는 시대 전쟁은, 더 나아가 일상마저도 몽타주이다. 실제로 수많은 시각기계들이 시시각각으로 몽타주를 생산해낸다. 몽타주된 이미지는 현실의 문제를 영화적 환상으로 대치해버린다. 폭탄과 미사일, 폭격기 등에 장착된 카메라는 살상무기의 비행을 마치 영화의 한 장면처럼 담아낸다. 전문가에 의해 잘 만들어진 전황도, 그래픽과 도표, 사랑하는 사람과 키스를 나누고 떠나는 병사 등이 병치되며 전쟁 스토리를 써낸다. 이런 장면은 전쟁에 대한 성찰을 요구하지 않는다. 살상무기가 실시간적으로 적국으로 날아가지만 우리가 인지하는 것은 환상적인 몽타주들이다. 이제 가속화된 속도는 단순히 물질의 이동만이 아니라 어떤 현장(전쟁터)의 이미지의 이동(movement of image)을 더 적극적으로 수행해낸다. 비릴리오가 말하는 공간을 파괴하는 속도가 자연스레 떠올려진다. 속도는 전쟁에 대한 대중의 지각을 참상이 아닌 환상적인 정보와 이미지들로 가득 채운다. 이로써 인간은 현장 자체가 아니라 이미지로 가득찬 현실을 지각한다. 이제 전쟁 수행자들이 가장 주목하는 것은 전쟁에 대한 대중의 지각을 조직화해내는 '지각의 병참술'(logistics of perception)이다(이기형, 2003 참조). 병참술(兵站術)은 군대의 전투력을 유지하고, 작전을 지원하기 위한 보급·정비·회수·교통·위생·건설 등의 일체의 기능을 다루는 방식을 총칭한다. 주지하듯이 병참은 속도의 혁명과 함께 발전해 왔다.

비릴리오와 비슷하게 벤야민도 이를 지적한 바 있다. 벤야민이 영화의 현실묘사가 의미심장하다고 생각했던 까닭은 카메라의 지속적인 시점 변화와 몽타주의 단속적 성질이 인간의 시각적 경험을 변화시키기 때문이다. 영화 이미지의 흐름은 누군가의 시선의 연속성이다. 여기에서 누군가는 카메라라는 기계이지만 궁극적으로는 감독이며 관객이다. 따라서 영화 이미지는 카메라를 통과하는 감독이나 관객의 시선이다. 때때로 그런 문법을 거스르기도 하지만 이는 무척 견고하다. 그들이 세상을 보는 방식(ways of seeing)이 곧 몽타주를 통한 영화의 스토리텔링 방식이다. 이는 현실을 있는 그대로 보지 않는다. 고정된 세계상은 거부되고 창조적으로 재탄생된다.

그런 점에서 보면 드론은 망원경과 현미경과는 또 다른 시각기계로서 세계관을 바꾸고 있다. 우리는 모두 누군가를 관찰하는 사람이지만 그보다 훨씬 더 '관찰 당하는' 사람들이다. 어느덧 거리를 가득 채우는 CCTV는 물론이거니와 공중의 드론으로부터 관찰된다. 살상으로부터 시작한 드론은 많은 가능성을 지니고 있음에도 어디엔가 두려움과 공포의 이미지를 포함하고 있다. 시각기계로서 드론에는 '차가운 바라봄'이라는 본질적 요소가 숨어 있는 듯 보인다. 이에 대한 해명이 필요하다.

참고문헌

강진숙 (2012a). 스마트폰 이용자들의 원격현전 경험에 대한 현상학적 연구: 비릴리오의 속도론과 '감각의 마비'를 중심으로. 〈한국방송학보〉 26(6), 7-45.

강진숙 (2012b). SNS 속도문화와 창조적 저항: 비릴리오와 키틀러의 속도와 주체에 대한 사유를 중심으로. 〈한국언론정보학보〉 58호, 31-54.

고바야시 아키히토/배성인 역 (2015). 〈드론 비즈니스〉, 안테나.

구본준 (2001). 누가 6mm를 우습게 보는가, 〈한겨레21〉 274호, Retrieved from http://h21.hani.co.kr/arti/COLUMN/43/3361.html

김균·전규찬 (2003). 〈다큐멘터리와 역사: 한국 TV 다큐멘터리의 형성〉, 한울.

라온제나 (2016). 2016 대한민국 드론 영상제 대상으로 본 영상제작 가이드, 2016. 10. 31. http://m.post.naver.com/viewer/postView.nhn?volumeNo=5378174&memberNo=2493468

배영달 (2017). 〈폴 비릴리오〉, 커뮤니케이션북스.

유창범 (2016). 방송제작에서 드론의 활용, 한국언론학회 2016년 가을철 학술대회 발표문.

이기형 (2003). 전쟁, 영상, 그리고 '지각의 병참술', 〈프로그램/텍스트〉, 제8호, 71-89.

이원영·이상우·테크홀릭 (2015). 〈드론은 산업의 미래를 어떻게 바꾸는가〉, 한스미디어.

이재섭 (2016). 방송뉴스와 드론 저널리즘, 한국언론학회 2016년 가을철 학술대회 발표문.

이희영·이정우 (2015). 〈드론촬영입문〉, 커뮤니케이션북스.

임기택 (2010). 네트워크 도시론과 들뢰즈 공간철학의 잠재적 순환에 관한 연구, 〈대한건축학회논문지〉, 26(6), 245-253.

임종수 (2011). 현실-가상세계 컨버전스 시대의 삶의 양식, 〈사이버커뮤니케이션학보. 28(2), 53-98.

임종수·이소현 (2018). 드론영상의 보기양식과 하이퍼 리얼리티 연구. 〈방송문화연구〉, 30권 2호, 73-109.

임종수 (2017). 영상 드론의 운동성과 보기 양식에 관한 소고, 〈커뮤니케이션이론〉 13(3), 50-85.

최병두 (2015). 행위자-네트워크이론과 위상학적 공간 개념, 〈공간과사회〉, 25(3), 125-172.

편석준·최기영·이정용 (2015). 〈왜 지금 드론인가〉, 미래의창.

Asaro, P. M. (2013). The labor of surveillance and bureaucratized killing: New subjectivities of military drone operators. *Social Semiotics, 23(2)*, 196-224.

Baudrillard, J. (1991). Trans. by P. Patton(1995). *The gulf war did not take place*, Bloomington & Indianapolis: Indiana University Press.

Berger, J. (1972). *Ways of seeing*, London: BBC and Penguin Books.

Castells, M. (1996). *The rise of the network society,* Malden, MA: Blackwell Publishers.

Christensen, C. M. (1997). *The innovator's dilemma: when new technologies cause great firms to fail*, Cambridge, Mass.: Harvard Business School Press.

Cunningham, B. (2015). Why the drone economy will be even bigger than you can imagine: Drones are the new apps, *Fobes*, Dec 10, 2015.

Deleuze, G. & Guattari, F. (1972). *L'Anti-OEdipe*, 최명관 역(1994). 〈앙띠 오이디푸스〉, 민음사.

Ellis, J. (1982). *Visible fictions: Cinema, television, video*, London and New York: Routledge.

Giddens, A. (1990). *The consequences of modernity*, Cambridge: Polity Press.

Gregory, D. (2011). From a view to a kill: Drones and late modern war. *Theory, Culture & Society, 28*, 188-215.

Harvey, D. (1990). *The condition of postmodernity: An enquiry into the origins of cultural change.* Cambridge: Blackwell Publishers.

Kern, S. (1983). *The culture of time and space, 1880 ~1918.* Cambridge, Mass.: Harvard Univ. Press.

Manovich, L. (2002). *The language of new media*, Cambridge, Mass.: The MIT press.

McCosker, A. (2015). Drone media: Unruly systems, radical empiricism and camera consciousness, *Culture Machine, 16*, 1-21.

Meyrowitz, J. (1985). *No sense of place*, New York & Oxford: Oxford University Press.

Nof, S. Y. (2009). Automation: What it means to us around the world, In Nof, S. Y. (Ed.). *Springer handbook of automation* (pp.13-52), New York: Springer.

Pyne, K. (2011). Embodied intelligence in the Stieglitz circle, In B. B. Lynes & J. Weiberg (Eds.). *Shared intelligence: American painting and the photograph*(pp.58-79), Berkeley and Los Angeles: University of California Press.

Rifkin, J. (2014). The zero cost marginal cost society, New york: Palgrave Macmillan.

Rosa, H. & Scheuerman, W. (2009). *High-speed society: Social acceleration, power and modernity.* PA: The Pennsylvania University Press.

Vanian, J. (2015). Drone makes first legal doorstep delivery in milestone flight, *Fortune*, 18 July, 2015. Retrieved from http://fortune.com/2015/07/17/faa-drone-delivery-amazon/

Virilio, P. (1977). Vitesse et *polotique*, 이재원 역(2004). 〈속도와 정치〉, 그린비.

Virilio, P. (1980). Esthêtique de la *disparition*, Trans. by P. Beitchman (2009). *The aesthetics of disappearance*, LA: Semiotext.

Virilio, P. (1988). La machine de vision, Trans by J. Rose (1994). *The vision machine*, Bloomington and Indianapolis: Indiana University Press.

Weber, M. (1910). In the fourth dimension from a plastic point of view, *Camera Work. 31* (July 1910).

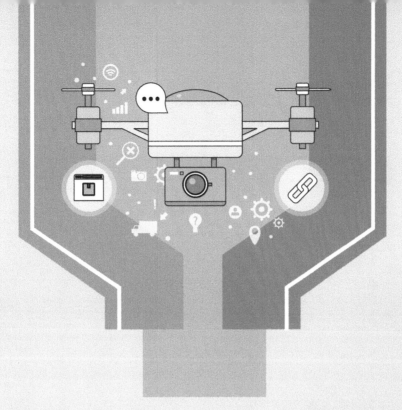

PART 2

드론 촬영: 기술과 활용

CHAPTER 1

항공촬영의
역사

1. 카메라에 날개를 달다

이태리의 '엉성한 코메디'라는 말에서 유래된 scenario[11] 라는 말은 고정된 무대에서 고정된 앵글로 바라보는 무대의 모습을 담기에는 충분한 언어였다. 하지만 움직이는 앵글과 다양한 시선이 공존하는 영화에서는 스크린 안에서의 자유로움을 표현할 수 있는 screenplay[12] 라는 말로 변형이 되었다. '화면 안에서 자유롭게 논다'라는 이 말은 곧 내용을 효과적으로 전달하기 위해 카메라의 움직임이 연출의 중요한 일부분으로 포함되어 있다는 것을 의미하기도 한다.

예로부터 촬영감독들은 내용을 효과적으로 전달하기 위한 다양한 앵글과 워킹을 시도해 왔다. 렌즈의 화각, 카메라의 특수기능을 넘어서 직접 다양한 장비를 만들고 카메라를 이용한 다양한 워킹을 시도하면서 화면의 구성은 더욱 풍성해졌고 표현할 수 있는 이야기는 더욱 많아지게 되었다. 특히 모든 연출자들의 바람이자 요구이기도한, 공간의 제약 없이 움직일 수 있는 카메라의 등장은 기존의 촬영기법을 크게 변화시키게 되었다.

과거부터 현재까지 시대의 흐름에 따라 무궁무진하게 변화해온 촬영기법의 발전에 대해 알아보도록 하자.

(1) 항공촬영의 출발

우리가 보는 시야보다 더 높은 곳에서 사진이나 영상을 촬영한다면 어떨까? 인간이 가진 본능적인 욕구 중 하나인 하늘을 나는 꿈은 결국 내가 사는 세계를 다른 시각으로 내려다보고, 내가 움직일 수 있는 제한적 공간을 뛰어넘고자 하는 욕망에서 출발했다고 볼 수 있다. 그 꿈을 최초로 실현한 사람은 프랑스의 사진작가 '투르나숑(Tournachon)'[13] 이다.

이 사진작가는 직접 사람이 타는 기구를 설계하고 조종해 1958년 하늘에서 사진촬영을 했으며 자신이 만든 기구 르제앙의 사고로 항공촬영을 중단할 때 까지 수많은 작품을 남기게 된다. '투르냐숑'의 작업이 중단된 이후에도 수많은 사람들의 도전과 과학기술의 발달로 비행기와 헬리콥터 그리고 기구를 이용한 항공촬영은 최근까지도 끊임없이 시도되고 사용되고 있다.

하지만 이러한 항공촬영은 사람이 직접 타고 조종하는 유인 항공체에 의해 촬영되었기 때문에 지상에 가까이 다가서기 힘들었고 많은 비용과 시간을 필요로 하여 극히 제한적인 부분에 사용될 수 밖에 없었다.

프랑스의 사진작가 투르냐숑

투르냐숑이 직접 촬영한 파리의 모습

(2) 유인헬기에서 무인헬기로

좀더 쉽고 편하고 자유롭게 항공촬영을 하고 싶은 사람들의 욕구는 취미용 혹은 산업용으로 제작되었던 무인항공기에 시선을 돌리게 만들었고, 이에 일본에서는 2000여 년부터 상업적인 목적의 무인항공 촬영을 당시 개발되었던 무인헬기를 이용하여 시도하게 되었다.

'히로보(Hirobo)'[14], '야마하(Yamaha)'[15]등 취미용 혹은 산업용 무인헬기를 생산하던 일본업체의 헬기를 들여와 카메라를 움직일 수 있는 카메라 마운트(이하 짐벌)를 달고 항공촬영을 시작한 그들은 사람이 헬기를 타고 접근하기 힘든 위험지역의 촬영 및 홍보영상 등등 많은 부분에 적극적으로 무인항공촬영을 이용하기 시작하였다.

하지만 이러한 항공촬영의 최대 약점은 무인기체의 비행에 능숙해지기 위해서는 다년간의 노력이 필요하였고 엔진헬기라는 이유로 발생되는 연무 혹은 비행에 따른 위험성으로 인해 실제 촬영에는 많은 제약이 따랐다. 또한 유인헬기를 타고 촬영하는 비용이나 무인헬기를 이용하여 촬영하는 비용이 비슷하다는 약점으로 인해 무인항공촬영은 소수에 의한 특수한 목적에 이용되어질 뿐이었다.

야마하의 엔진헬기를 이용한 무인 항공촬영 헬기

(3) 멀티콥터의 등장

2000년부터 일본의 무인헬기 생산업체들에 의해 시도되어지는 무인항공 촬영에 본격적인 도전장을 내민 회사는 독일의 '미크로콥터(MikroKopter)'사 와 캐나다의 '드라곤플라이어(Draganflyer)' 회사이다. 기존 무인헬기가 가지고 있었던 기체의 불안정성을 해소하기 위해 다수의 날개를 동시에 사용하는 이른 바 멀티콥터(multi-copter)[16]의 개발을 완료하게 되고, 배터리와 모터의 발달로 인해 엔진보다 더 강한 출력을 배터리를 이용해서 낼 수 있게 되면서, 자동 비행장치를 탑재하여, 누구나 쉽고 더욱 안전한 비행과 촬영이 가능해지도록 만들었다. 이는 곧 저렴한 비용으로 항공촬영 기체를 대량생산 할 수 있는 수요를 창출하게 되고 결국 항공촬영의 대중화에 결정적인 기여를 하게 된다.

'미크로콥터'와 '드라곤플라이어' 회사의 멀티콥터가 항공촬영 기체에 있어서 다른 무인항공 촬영 기체보다 앞선 기능은 바로 제자리 호버링이 가능하다는 점이었다. GPS를 이용하여 사람이 조정하지 않아도 기체가 제자리에 떠있을 수 있다는 능력은 촬영하는 사람들에게 대단히 매력적으로 다가왔으며 더군다나 송수신이 끊어지면 출발한 지점으로 다시 돌아와 공중에 떠 있는 것과 제자리 비행을 하면서 대기한다는 것은 그 당시로서는 획기적인 기능 이었다. 게다가 완벽한 영상송수신 시스템까지 장착하고 있는 멀티콥터는 풀세트의 가격이 5천만원 미만의 상대적으로 저렴한 가격으로 공급되어지면서 향후 10여년간 항공 촬영 시 장을 주름잡게 된다.

독일의 미크로콥터

캐나다 드라곤플라이 X8

이후 수많은 업체들이 이 두 회사를 따라잡기 위해 노력하지만 멀티콥터가 가진 기체의 성 능으로서의 완성도에 다가서지 못하게 된다.

(4) 짐벌의 발전

점점 비행이 쉬워지고 안정화 되면서 사람들의 요구는 좀 더 수평을 잘 잡아주는 카메라 마 운트 시스템에 아쉬움을 가지게 되었다.

당시 항공촬영기체의 세계를 주름잡았던 두 회사가 채택한 카메라 마운트 시스템은 '포토하 이어(Photohigher)' 회사의 AV200 카메라 마운트 시스템을 차용하거나 카피한 제품들이었 는데 이 제품들은 20여년 전에 나온 지미집에 사용되었던 헤드시스템에 착안을 두고 당시 가격이 상대적으로 저렴했던 RC용 서보모터를 이용해 카메라의 수평을 유지할 수 있도록 개발된 제품이었다.

'포토하이어' 회사의 AV200 카메라 마운트 시스템은 3축 자이로스코프의 센서값을 이용해 기체의 기울기를 인식하고 서보를 움직여 카메라의 자세를 잡아주는 시스템으로 짐벌 컨트 롤러만 있으면 누구나 쉽게 만들고 운용할 수 있을 정도로 기본적인 형태로만 이루어진 카 메라 마운트(GIMBAL) 시스템이었다. 하지만 작은 움직임에는 반응하기 힘들었고 기어드

시스템으로 조립되어진 서보자체의 진동과 느린 반응 속도로 실제 촬영화면은 보정하지 않고는 사용하기 힘들었다.

AV200

(5) DJI 의 등장

2011년 하나의 영상이 유투브에 올라오면서 항공촬영 시장은 격변기를 맞이하게 된다.

첫 번째로 사람들을 놀라게 한 것은 정확한 'Smart Return 기능'이었다. 오차 범위 1미터 안에 돌아와 저절로 착륙하는 기체! 모든 사람들이 바라던 모습이었다. 이어 올라온 영상은 또 한번 대중들을 놀라게 만들었는데 바로 사람들이 꿈에 그리던 완벽한 카메라 마운트 시스템의 등장이었다. 마치 삼각대에 장착하고 찍은 듯한 완벽한 항공촬영 영상으로, 이 영상을 본 사람들은 믿을 수 없다는 반응을 보이거나 혹은 제조업체의 상술이라는 불신을 사기도 했다. 하지만 정확히 3개월 뒤 직접 구매 하여 사용한 사람들의 원본 동영상 클립이 업로드 되기 시작하면서, 이 짐벌 시스템과 멀티콥터는 폭발적인 수요를 이끌어 내게 된다.

이 멀티콥터와 카메라 마운트 시스템을 개발한 회사는 바로 DJI[17] 라는 중국회사였다. 미국에서 유학한 두 명의 창업자에 의해 세워진 이 회사는 2년만에 기존 미크로콥터와 드라곤플라이 회사가 양분하던 항공촬영의 시장을 DJI 사의 컨트롤러와 카메라 마운트 시스템이 90프로 이상 장악하게 만들었고 이후 DJI에 의해 공개된 각종 항법프로그램과 짐벌컨트롤러 프로그램은 이후 브러시리스 3축 스테빌라이져 카메라 마운트 시스템의 획기적인 발전을 가져오게 된다.

중국 DJI 회사의 S800과 젠뮤즈 15 짐벌 시스템

2. 카메라 마운트 시스템의 발전

이전부터 3축 스테빌라이져를 이용한 카메라 마운트 시스템은 흔들림 없는 원본영상을 얻기 위해 많은 노력을 기울여왔다. 하지만 현실적으로 상업용 항공촬영에 대중적으로 사용된 3축 카메라 마운트 시스템은 2004년에 등장한 포토하이어 회사의 AV200 카메라 마운트 시스템이었다.

3축 자이로스코프 센서와 3개의 서보를 이용해 카메라의 자세를 제어할 수 있도록 만든, 당시에는 가장 안정적인 짐벌시스템으로 당시 멀티콥터를 개발해 판매하려던 독일의 미크로콥터사와 제휴를 통해 세상에 알려지게 된다.

가벼운 알류미늄과 카본을 이용해 프레임을 제작하여 멀티콥터가 들어 올릴 수 있도록 가볍게 만들고 13-20kg의 토크를 지닌 서보를 채용해 카메라를 움직였던 'AV200'은 약 7여년간 많은 카피제품을 통해 카메라 마운트 시스템의 표준이 될 만큼 사랑을 받았다.

하지만 작은 모터와 7-8개의 기어를 이용해 움직이는 서보의 특징상 움직일 때 마다 진동이 발생이 되었고 컨트롤러의 명령에 반응속도가 느려 작은 기울기 변화에는 반응이 느리게 나타나는 롤링 현상으로 인해 별수 없이 사용자들은 편집프로그램의 스테빌라이져 기능을 이용해서 화면을 보정하거나 크롭을 해서 사용할 수 밖에 없었다.

국내에서 제작된 서보짐벌 시스템과 RC용 서보 모터

(1) 스텝모터를 이용한 카메라 마운트 시스템

모터의 회전을 기어를 통하지 않고 원하는 힘을 얻어내기 위해 다음으로 채택된 모터는 바로 브러시리스(BLDC)[18] 모터였다. 기어 없이 원하는 토크와 속도를 낼 수 있기 때문에 더욱 빠르게 카메라의 자세를 제어할 수 있는 장점을 지녔지만, 비싼 모터 가격과 원하는 토크를 낼 수 있는 모터가 생산되는 제품이 없었기에, 아무도 시도하지 않았던 브러시리스 모터를 이용한 카메라 마운트 시스템을 제일 처음 선보인 것이 바로 뛰어난 비행 컨트롤러로 세상의 주목을 끌었던 DJI 회사였다. 하지만 DJI는 BLDC 모터의 움직임이 미흡하다는 판단을 내리게 되는데 그것은 브러시리스의 Feed Back 시스템이 어떠한 상황에서도 흔들리지 않아야 한다는 전제 조건을 충족시키지 못했기 때문이었다.

브러시리스 카메라마운트 시스템(짐벌)[19]은 자이로스코프의 수평각도를 인식하고 그만큼 모터에 전류를 가하고 다시 수평각도를 인식하는 순환적인 Feed Back 시스템에 의해 움직이도록 설계가 되었는데 지속적으로 흔들리는 카메라 마운트 시스템의 특징상 굉장히 빠른 속도로 지속적인 리프레시를 하거나 모터의 토크가 충분하지 않으면 오작동을 일으키는 경우가 많이 발생되었다. 이에 DJI는 BLDC 모터 대신에 더욱 정확히 각도를 제어할 수 있는 스텝모터를 이용해 짐벌 시스템을 제작하게 된다.

스텝모터가 기존의 브러시리스 시스템과 다른 점은 지속적인 Feed Back 체크가 아니라 움직이는 이벤트가 발생할 때마다 움직인 만큼만 정확히 제어를 해줄 수 있고, 모터의 회전각도를 정확히 인지할 수 있기 때문에 3축의 움직임이 동시에 들어오더라도 제어를 정확히 해줄 수 있다는 장점을 가지고 있다는 것이다. DJI가 스텝모터를 이용한 짐벌 시스템을 완성하고 이것이 바로 '젠뮤즈(Zenmuse 15)' 였다.

어떠한 흔들림에도 고정된 화면을 잡아줄 있는 카메라 마운트 시스템이 세상에 첫 선을 보이는 순간이었다. 이후 DJI 사의 젠뮤즈 시리즈는 항공촬영 기체에 가장 많이 사용되는 짐벌 시스템으로 사용되며, 카메라 마운트 시스템의 획기적인 변화를 가져오게 된다.

하지만 이러한 뛰어난 성능의 젠뮤즈 시리즈도 고정된 카메라와 고정된 렌즈밖에 사용할 수 없다는 단점으로 인해 많은 사람들이 사용을 주저하게 만들었다. 많은 사람들의 개발요청에도 DJI 사의 마케팅 담당자는 더 큰 카메라 혹은 에픽용 카메라 마운트 시스템을 만들지 않는 이유는 수지타산이 맞지 않아서라는 짧은 코멘트로 대신하기 일쑤였다.

2014년 DJI에서 발표된 S1000 옥토콥터와 젠뮤즈 15 5D DSLR용 짐벌 시스템

(2) 브러시리스 짐버의 재발견

이에 다양한 카메라를 얹을 수 있는 카메라 마운트 시스템의 생산을 바라던 많은 사람들에게 희소식이 생기게 되었는데 바로 초창기 DJI사에서 만들었던 브러시리스 짐버의 프로그램 소스가 공개된 것이었다. 구글을 통해 공개된 이 소스는 누구나 모터만 정확히 세팅할 줄 알면 브러시리스 짐버를 만들 수 있을 정도로 완벽한 프로그래밍 오픈 소스였다. 이후 관련된 기술을 가진 사람들은 브러시리스 짐버 컨트롤러를 만들기 시작했고 시행착오를 거쳐서 약 1년 만에 많은 브러시리스 짐버가 쏟아져 나오게 되었다.

이러한 BLDC 짐버의 소스공개는 의외의 결과를 만들어 내게 된다. 바로 헬리캠에만 장착되는 카메라 마운트 시스템이 아니라 들고 다니는 무빙캠, 줄에 달고 사용하는 와이어캠, 지미집이나 폴캠 더 나아가 러시안암까지 기존 개발업체들이 가지고 공개하지 않았던 컨트롤

러의 위치를 대신하게 되었다는 것이다. 즉 1억을 호가하는 스콜피언암을 대체할 수 있는
BLDC 헤드를 만들 수 있게 되었다는 뜻이다. 이는 헬리캠 뿐만 아니라 스테빌라이져 시스
템을 필요로 하는 어느 곳이든 누구나 쉽게 BLDC 카메라 마운트 시스템을 만들고 사용할
수 있다는 결과를 도출하게 된다.

tarot의 198,000원 짐버

2천만원을 호가하는 모비리그

(3) 헬리캠[20]에서의 활용

정확한 앵글과 효과를 위한 다양한 촬영장비들이 존재하고 있다. 대표적인 지미집[21] 부터
폴캠, 레일을 이용한 달리시스템과 매그넘 장비를 넘어서 스테디캠을 비롯한 DC 슬라이더
까지 내용을 효과적으로 전달하기 위한 특수 장비들의 발전은 점점 그 발전의 속도가 활용
의 속도를 앞지르고 있다. 하지만 모든 촬영현장이 이러한 특수 장비들을 적절히 활용하여
촬영을 할 수 있는 것은 아니다. 물리적인 제약과 비용의 문제 그리고 가장 중요한 시간의
부족은 다양한 연출 기법의 활용을 무용지물로 만들어 버린다.

이러한 촬영현장에 BLDC 모터를 이용한 카메라 마운트 시스템의 등장과 헬리캠의 등장은
활력을 불어넣어 주기에 충분하다. 장비의 세팅에 10분 이내의 시간이 걸리고 공간과 시간
의 제약 없이 다양한 앵글을 저렴한 비용으로 담아낼 수 있다는 것은 표현에 날개를 달아주
는 것과 마찬가지이다. 헬리캠 하나만으로도 줄에 매달면 와이어캠으로, 장대 끝에 매달면
지미집 이나 폴캠으로, 휠체어나 차에 타고 들고 찍으면 달리 시스템으로, 손으로 들고 움직
이면 핸드헬드 시스템으로 대체가 가능하다. 물론 카메라의 성능이나 렌즈의 화각의 문제
가 거슬리기는 하지만 지금의 발전 속도는 더욱 고화질의 작은 카메라를 만들어 내고 있고
더욱 안정적인 스테빌라이저 시스템이 계속 생산되고 있다.

CHAPTER 2

드론의 운용

1. 촬영용 드론의 이해

이전부터 촬영을 위해 드론을 이용한 경우는 많이 찾아볼 수 있다. 이미 20여년 전부터 군사적 목적 혹은 과학적 목적을 위해 무인헬기 혹은 비행기나 기구에 카메라를 장착하여 촬영을 한 예를 쉽게 찾아 볼 수 있다. 국내에서 방송에 사용된 드론의 경우 KBS 글로벌 기획 '이카루스의 꿈'에서 드론에 장착되는 스테빌라이저 시스템을 이용해 히말라야를 종단하는 촬영을 시도하여 촬영상을 수상한 예도 찾아 볼 수 있다. 하지만 이러한 드론촬영은 특수한 경우나 많은 예산을 투입하여 특정한 결과물을 얻기 위해 사용되었지만 미디어로서의 가치를 지니기 시작한 것은 불과 4-5년 정도의 역사를 지니지 밖에 못하였다. 드론 촬영이 미디어로서의 가치를 지니기 위해서는 다음과 같은 세 가지 조건을 충족하여야 한다.

(1) 안정적인 운용이 가능할 것
촬영대사체의 보호와 장비의 파손을 막기 위해 드론의 일부 구성품이 고장이 나거나 파손이 되어도 지속적인 비행과 촬영이 가능하여야 한다.

(2) 초보자도 쉽게 이용이 가능할 것
초기 무인헬기나 비행기는 최소 2-3년의 연습기간을 거쳐야만 비로소 운용이 가능하였다. 또한 조종자의 숙련도에 따라 촬영 결과물이 다르게 나왔으며 항상 사고의 위험을 안고 촬영에 임해야 했다.

(3) 저비용으로 운용이 가능할 것

2011년 무인헬기를 이용한 항공사진 촬영의 1회 촬영단가가 400만원이었다. 이는 유인헬기를 타고 촬영하는 단가에 근접하여 특수한 목적이 아닌 이상 촬영이 불가능하였다. 또한 직접 장비를 운용하기 위해서는 정비기술과 운용기술 등의 추가적인 인건비와 유지비가 필요하였다.

(4) 촬영용 드론으로서의 멀티콥터

멀티콥터는 2000년 독일 미크로콥터사에 의해 개발되기 시작하였다. 초보자도 1-2시간의 교육을 통해 기본적인 운용이 가능하며 GPS, 지자계, 자이로스코프, 기압계 등의 각종 센서와 자율비행장치를 갖추어 조종자의 명령 없이도 자율비행 및 자동 복귀 그리고 이륙 및 착륙까지 가능하다. 현재 2K급 항공촬영이 가능한 드론촬영 장비세트는 65만원부터 가격이 형성되기 시작한다. 이러한 멀티콥터를 이용한 촬영장비는 현재 전 세계 항공촬영 시장의 90% 이상을 차지하고 있다.

2. 멀티콥터의 이해

(1) 멀티콥터란

트라이콥터, 쿼드콥터, 헥사콥터, 옥토콥터 등 여러 개의 프로펠러의 회전방향을 제어하여 수직 이착륙 및 비행이 가능하도록 설계된 헬리콥터의 종류로서 뛰어난 안정성과 기체대비 효율적인 무게 장착이 가능하여 무인항공기 및 항공촬영용 헬기 등에 주로 이용되는 다중 로터 시스템의 헬리콥터를 통칭하는 말이다.

(2) 멀티콥터의 종류

1) 쿼드콥터

모터 4개와 프로펠러 4개로 운용되는 X자 모양의 멀티콥터로서 멀티콥터 중 가장 빠른 운용 속도 및 반응성을 가지고 있다. 여기서 반응성이란 외력(바람 혹은 기타 압력의 변화)에 대한 반응성 및 조종자의 입력값에 대한 반응성을 말한다. 프로펠러 회전수의 변화에 따른 편차가 크므로 빠르고 다이내믹한 비행에 적합하다.

2) 헥사콥터

6개의 프로펠러를 가지고 비행하는 멀티콥터로서 정확히 옥토콥터와 쿼드콥터의 장점을 고루 가지고 있다. 프로펠러의 위치에 따라 더블타입의 Y콥터가 있고 모든 프로펠러가 위로 장착되어 있는 헥사콥터가 있다.

3) 옥토콥터

8개의 날개를 가진 대형급 멀티콥터로서 외력에 대한 저항력이 강하고 안정적인 비행이 가능하다. 가장 큰 장점은 역시 내부의 모터나 프로펠러가 파손되어도 비행이 가능하다는 점에서 대형급 멀티콥터에 가장 많이 쓰인다.

4) 기타

듀얼 콥터, 푸셔콥터 등등 모양과 설계에 따라 다양한 멀티콥터들이 존재한다.

(3) 멀티콥터의 구조

<멀티콥터의 구조>

프로펠러	추력을 발생하는 날개
모터	프로펠러의 회전력을 발생시키는 장치
변속기	모터의 속도를 조절하는 장치
프레임암	모터와 센터를 지지하는 다리 부분
메인프레임	각종 센서와 기자재를 장착하기 위한 중앙 프레임 부분
컨트롤러	멀티콥터의 비행과 자세를 제어하기 위한 중앙 처리장치
송신기	비행데이터 혹은 영상데이터를 지상으로 전달하는 송신부분
수신기	중앙처리장치에 각종 명령을 전달하기 위한 데이터 수신부
각종센서	비행의 편의성과 정밀도를 향상시키기 위해 장착되는 부가적인 장치들

(4) 멀티콥터의 비행원리

멀티콥터의 비행은 모터의 회전 방향과 추력에 따른 반토크의 상쇄로 비행자세 및 방향을 제어한다. 모든 모터가 동시에 추력이 상승 및 하강하면 이에 따라 비행체는 상승과 하강을 하게 된다.

또한 모터는 인접한 모터는 반대로 회전을 하도록 설계되어 서로의 반토크를 상쇄할 수 있도록 만들어져 있다. 따라서 각 축방향의 회전수를 제어함으로써 반토크를 변화시켜 기체의 회전을 이끌어 내며 직각 축(엘리베이터/에일러론)의 모터 회전수를 동시에 변화시켜 기체의 기울기를 조정한다.

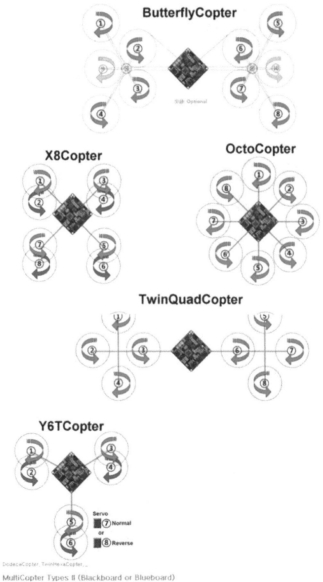

멀티콥터의 종류

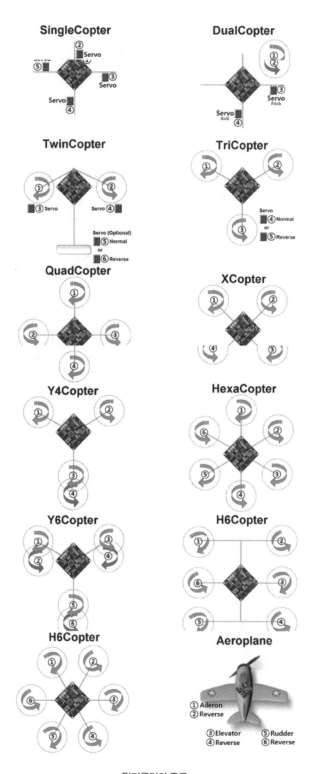

멀티콥터의 종류

3. 멀티콥터의 구성

(1) 센서계

자이로스코프 센서계로 불리는 두 가지 센서 각속도계와 가속도계는 서로 상호 보완적인 관계를 가지게 된다. 두 가지 모두 지구 중심에 대한 기울기의 변화를 측정하는 장치로 3차원 공간속에 있는 물체의 움직임과 수평을 제어하기 위한 필수 센서이다.

추가 매달려 있는 스프링을 기울인다고 생각해 보자. 기울임과 동시에 스프링의 기울기는 변하게 되고 동시에 길이도 변하게 된다. 즉 단순히 기울기만 변하는 것이 아니라 기울임의 변화에 대한 동적 움직임도 같이 발생하게 되어 정확한 기울기를 계측하는데 어려움을 겪게 된다. 이때 스프링의 기준점에서 기울어진 정도는 각속도계가, 그리고 기울어지는데 걸린 시간과 속도는 가속도계가 산출하여 정확한 스프링의 기준점에서의 위치변화를 감지해 낼 수 있다. 이렇게 두 가지 센서는 상호 보완적인 관계를 가지게 된다.

1) 자이로스코프 (각속도계)

자이로스코프는 진자실험을 통해 지구의 자전을 증명해 낸 물리학자 '푸코(Fourcault)'에 의해 정의되었다. 주변에서 발견할 수 있는 쉬운 예로 바로 회전하는 팽이를 들 수 있다.

아래 그림과 같이 회전하고 있는 팽이는 외부의 힘이 작용하지 않으면 바닥면의 기울기와는 상관없이 현재의 회전력(관성) 수평상태를 유지하려는 속성이 있다. 이때 팽이의 최 가장자리와 바닥면과의 거리를 산출해 낼 수 있다면 바닥면의 기울어진 정도를 측정해 낼 수 있다. 이와 같이 초기의 자이로스코프는 모터에 의해 고속으로 회전하는 팽이인 로터(Rotor)와 두 개의 짐벌(Gimbal)로 구성되어 기울기를 측정하는 장치로 개발되었다.

이러한 자이로스코프에는 여러 가지 특징을 가지고 있는데 그 중 가장 대표적인 특징이 바로 방향안정성(Directional Stability) 이다. 즉 고속으로 회전하는 팽이는 외력이 작용하지

회전하는 팽이 예시

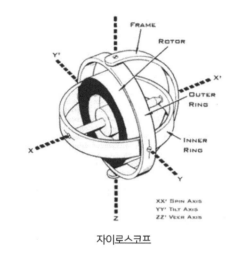

자이로스코프

항공기내부의 자이로스코프

않는 한 뉴튼의 운동 제1법칙에 따라 최초의 운동상태를 유지하려는 속성을 가지게 된다. 또한 회전축의 방향을 바꾸면 그에 저항하려는 속성을 가지게 된다. 이러한 자이로스코프 는 광학장치의 안정화 장치, 항공기의 관성항법장치 등등 여러 분야에 널리 사용되고 있다.

가. 자이로 센서

위와 같은 기계적인 자이로스코프에서 한층 더 발전된 모델이 바로 자이로 센서이다. 군사적 인 목적으로 개발된 자이로 센서는 광학식 자이로 센서와 MEMS 자이로 센서로 나뉘어 진다.

광학식 자이로 센서는 아래 그림과 같이 일정 지점에서 동시에 발생한 빛의 검출 시점이 물 체의 회전에 따라 변화하는 위상값을 측정하여 기준점에서 기울어진 기울기를 측정하는 방 식이다.

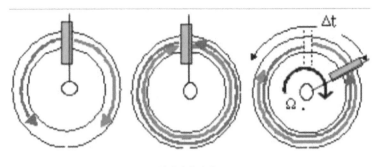

링레이저 자이로

위 그림과 같이 델타 t값만큼 회전하게 되면 양쪽으로 갈라진 두 빛의 검출 시점에 오차가 생기게 된다. 그 차이를 검출하여 각속도를 측정하는 것이 바로 광학식 자이로의 원리이다.

하지만 이러한 자이로는 기계식 자이로에 비해 단순한 구조이며 크기도 작아지는 이점을 가지고 있으나 가격이 비싸고 마이크로화 하기에는 어려운 단점이 있다. 그래서 개발된 것이 바로 MEMS 자이로 센서이다.

나. MEMS 자이로

MEMS 자이로의 원리는 이해하려면 먼저 '코리올리의 힘' 이라는 이론을 이해하는 과정이 선행되어야 한다. 코리올리의 힘이란 북극에서 남쪽으로 수백 Km를 날아가는 미사일이 있다고 한다면 지구 자전의 영향을 받아 출발 시점보다 오른쪽에 떨어지게 된다. 이와 같이 회전하는 물체에 임의의 운동 방향이 발생하면 그에 대한 직각의 오른쪽 방향으로 가상의 운동성이 발생한다는 이론이 바로 코리올리의 힘이다.

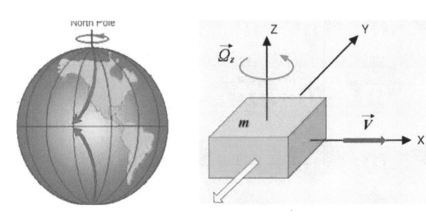

코리올리의 힘

이러한 코리올리의 힘을 이용하여 끊임없이 V방향으로 진동(V방향으로 직선운동을 하는 것과 같음)하는 소자에 회전을 가하게 되면 노란색 화살표 방향으로 운동량이 발생하게 되는데 이때 발생하는 가상의 힘을 측정하여 전기적인 신호로 변환시켜 각속도를 측정하는 자이로가 바로 MEMS 자이로이다. 하지만 코리올리의 힘에는 한 가지 문제가 발생하는데 회전하는 방향이 아닌 반대쪽으로 운동성이 발생하면 아무런 변화값이 생기지 않는다는 문제가 있다. 이러한 문제를 해결하기 위해 서로 반대쪽으로 진동하는 두 개의 전자추를 배치하여 가상의 힘을 측정하는 방식을 튜닝포크방식의 MEMS 자이로 센서이다. 이러한 MEMS 자이로 센서는 마이크로화 할 수 있고 제조 공정이 간단하며 가격이 저렴하다는 장점을 가지고 있는 반면 진동하는 소자의 특징으로 인해 미세한 각도 변화를 검출하기 힘들고 측정 범위가 작다는 단점을 가지고 있다.

2) 가속도 센서

가속도라는 것은 결국 직선운동에 대한 속도의 증감비를 의미한다. 즉 지금의 속도에서 일정 시간동안 얼마만큼의 속도변화가 일어났는가를 감지하는 것이 바로 가속도 센서이다. 여기에서 중요한 점은 바로 중력도 가속도의 일종이라는 것이다. 즉 아래 그림과 같이 지구의 모든 곳에서는 Z축의 아래쪽으로 g 라는 중력가속도를 가지게 된다. 만약에 물체가 수직으로 Z축과 일치하게 서있게 된다면 X축이나 Y축에서는 중력가속도가 검출되지 말아야 한다.

이와 같은 원리를 이용하여 축의 기울어진 정도를 측정하는 센서가 바로 가속도 센서이다.

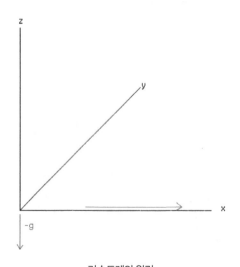

가속도계의 원리

3) 가속도 센서와 각속도 센서의 상호 보완

만약 자이로스코프가 각속도 센서만 있다고 가정을 해보자. 기계식 자이로 센서가 아닌 이상 기준점이라는 것이 없다. 일정시간동안 회전한 각도가 측정되면 그 위치가 새로운 기준점이 되게 된다. 즉 일정시간동안 회전한 각도를 측정하는 것이 바로 각속도계 즉 자이로 센서이다. 그렇다면 가속도 센서만 있다고 가정을 해보자. 가속도 센서는 중력가속도의 변화로 기울기의 변화를 감지하기 때문에 기준점이 명확히 있고 그에 대한 상대적인 기울기를 정확히 검출해 낼 수 있다. 하지만 이것은 정지되어 있을 경우에 해당되는 이야기다. 만약 물체가 회전운동을 한다면 중력가속도의 변화에는 많은 가속도가 동시에 존재하게 된다. 이와 같이 두 가지 센서는 어느 하나의 센서로 작동하기 보다는 상호 보완적인 관계로 작동해야 정확한 기울기 데이터를 얻을 수 있고 이 두 가지 센서를 이용하여 물체의 기울기와 속도를 측정하여 비행하는 장치를 '관성항법장치'라 한다.

(2) 기압계 : Barometer

기압계는 간단히 말하면 고도가 올라갈수록 대기의 압력이 낮아진다는 명제를 가지고 출발하는 센서이다. 국제표준대기(ISA) 기준에 맞추어 압력과 고도의 상관관계를 이용해 현재의 기압에 해당하는 고도를 나타내는 것이 바로 고도계이다. 이때 진짜 고도는 온도, 바람 등의 영향을 받게 되는데 기압계가 나타내는 고도가 실제고도와는 많이 틀릴 수 있다는 사실을 잊어버리면 안 된다.

따라서 기압계는 정확한 고도산출에 대한 보정 데이터와 기압고도를 이용한 고도 조절 등에 명시적으로 사용된다.

(3) 지자계 센서

전자컴퍼스를 말한다. 즉 전자 나침판인데 기체의 정확한 상대적 진행방향을 보정하기 위한 센서이다. 이러한 전자 컴퍼스는 자력에 대한 방향의 변화값을 나타내게 된다. 즉 센서가 북쪽을 향하게 되면 1 남쪽일 때는 -1, 동쪽이나 서쪽일 때는 0의 값을 출력하는 방식이다. 따라서 센서가 북쪽이나 남쪽으로의 방향값은 알 수 있으나 동쪽이나 서쪽을 정확히 향하게 될 때는 어느 쪽을 향하는지 알 수 없게 된다. 따라서 1축의 지자계로는 정확한 방향설정이 힘들며 이에 대한 보상을 위해 2축 지자계가 필요하게 된다. 하지만 항공기는 수직으로의 기울기도 존재한다. 그래서 항공기의 지자계는 모두 3축으로 이루어져 있다.

또한 이러한 전자컴퍼스를 다룰 때 등장하는 용어가 바로 진북/자북 이라는 용어이다. 이는 나침판이 가리키는 방향이 지구의 정확한 북쪽이 아니라 자북이라는 사실에서 기인한다. 즉 나침판이 가리키는 방향은 정확히 북쪽이 아니라 위치에 따라 약간씩 틀어져서 자북을 향하게 되는데 이러한 편각을 보정해주기 위해 지자계 켈리브레이션이라는 과정을 거치게 된다. 축 센서를 360 회전했을 때 나침판이 가리키는 방향의 오차값을 가지고 중립점을 찾아 정확한 북쪽을 가리킬 수 있도록 보정을 해주는 과정이다. 항공기는 3축이므로 당연히 항공기를 수직으로 세워서 다시 한번 회전시키는 두 번의 과정을 거쳐야 한다. 이러한 지자계 켈리브레이션은 비행위치가 많이 달라지면 다시 해주는 것이 옳다.

또한 지자계는 자력에 많은 영향을 받는다. 따라서 기체 주위에 많은 기자재가 배치되었다면 모든 기자재를 배치하고 켈리브레이션 과정을 거치는 것이 가장 좋다.

(4) GPS 위치제어

지구의 원궤도를 도는 24개의 기준위성으로부터 수신되는 GPS 신호를 분석하여 현재의 절대적 위치를 산출해내는 방식이다. 이 GPS는 원래 군사적 목적으로 미 국방성에서 개발된 시스템으로 지구 주위를 선회하는 24개의 위성과 5개의 감시국 그리고 제어국으로 구성되어 있다. 이러한 인공위성에는 동일한 시간을 나타내는 세슘시계와 감시국의 절대위치로부터의 고도 정보를 가지고 비행하게 되는데 지구상의 어느 위치에서도 최소 5개의 위성신호를 받을 수 있는 속도와 궤도를 유지하면서 선회하고 있다. 여기에서 발사되는 위치 신호는 SPS 표준 측위 서비스 신호와 PPS 정밀 측위서비스로 나누어지는데 상업용은 SPS를, 군사용은 PPS를 이용한다.

(5) 제어계

1) MC (multicopter Controller)

기체의 제어를 관장하는 중앙제어장치 기체의 수평유지와 자동항법비행 그리고 수신기를 통해 전달되는 명령을 분석하여 기체가 조종자의 명령대로 움직일 수 있도록 컨트롤 하는 장치다.

2) VU (Versatile Unit)

기체의 상태를 알려주는 LED와 컨트롤러에 필요한 전압 5V로 낮추어주는 레귤레이터 그리고 세팅 프로그램과 연결할 수 있는 마이크로5핀 단자가 복합적으로 장착된 유니트다.

3) 무선송수신기

조종기에서 발생하는 전기신호의 변화를 전파로 변화시켜서 출력하는 장치를 송신기다. 이러한 전파를 받아서 다시 전기신호화 하는 장치를 수신기라 한다.

가. 채널의 개념

보통 4채널 조종기 8채널 조종기라는 말을 많이 듣게 된다. 이때 채널이란 1가지 신호를 전달할 수 있는 통로를 의미한다. 즉 1개의 통로는 1개의 신호만이 지나갈 수 있다. 다시 설명한다면 1개의 채널은 1개의 동작명령을 전달할 수 있는 통로를 의미한다고 할 수 있다.

멀티콥터가 기동을 하기 위해서는 기본적으로 4개의 동작 명령이 필요하다. 상승과 하강 / 전진과 후진 / 좌수평 이동과 우수평 이동 / 좌회전과 우회전이다. 따라서 멀티콥터의 가장 기본적인 비행을 위해서는 4채널 송수신기가 필요해진다.

나. 켈리브레이션의 정의와 활용

캘리브레이션은 오차를 보정하기 위한 세팅 과정이다. 즉 조종기마다 가변저항의 저항값이 다르고 이에 따른 출력값도 다르다. 따라서 1개의 채널을 정확히 움직일 수 있도록 명령을 내리기 위해서는 조종기 가변저항의 최대값과 최소값을 컨트롤러에 입력시키는 과정이 필요하다. 이러한 과정을 캘리브레이션이라 한다.

다. 가변저항과 스위치할당

조종기 즉 송신기에서 명령을 내리는 것은 결국 전기적 신호의 변화를 통해 이루어지게 된다. 이때 전기신호의 변화는 가변저항을 통해서도 이루어 질 수 있고 접점을 통해서도 이루어질 수 있다. 어떠한 명령이든 결국 볼륨을 이용한 가변 전기 신호를 발생시키는 것이고 이러한 전기신호의 변화를 감지해 그에 따른 출력의 변화를 가져오는 것이 송수신 명령의 원리이다. 따라서 명령은 스위치를 통하든 레버를 통하든 결국 모든 출력의 변화값은 전기적 신호의 변화를 의미한다고 할 수 있다.

라. 조종기의 기본 세팅

■ Channel Setting

각 채널을 동작시킬 수 있는 스위치를 선택한다. 레버가 될 수도 있고 3단 스위치, 2단 스위치 어느 것이나 지정할 수 있다. 다만 조종기의 특성상 4채널의 기본동작을 위한 레버는 미리 할당이 되어 있다.

■ SUBTRIM

수신기에 연결된 장치의 초기 중립값을 변경한다.

■ EPA (Trouble Adjust)

입력값의 최저값과 최고값에 대한 출력값을 설정한다.

■ REVERSE

입력값에 대한 출력값을 반대로 바꾼다.

■ DR (Dual Late)

채널 중 기체의 3가지 위상변화(전, 후진/좌우 기울기/좌우회전)에 대한 출력값의 범위를 조정한다.

■ EXP (Exponential)

입력값에 대한 출력값의 그래프 기울기 변화 보통 중립지점의 민감도를 설정하기 위해 사용한다.

■ SWASH

헬기의 기동에 관여하는 스와시 축의 종류를 선택한다.

■ Swash Mix

적어도 두 개 이상의 서보의 조합으로 나타나는 움직임의 방향과 범위를 세팅한다.

■ Throttle Curve

입력값에 대한 모터의 출력값을 세팅한다. Digit 방식과 그래프 방식이 있다.

■ Pitch Curve

입력값에 대한 로터의 기울기 출력값을 세팅한다. 역시 Digit방식과 그래프 방식이 있다.

■ Programing Mixing

하나의 입력값에 동시에 두개의 출력값이 관여할 수 있도록 세팅하는 메뉴이다.

■ FailSafe

송수신기의 연결이 끊어졌을 때 수신기에서 출력되는 값을 지정한다.

■ Binding

송신기와 수신기를 하나의 일련된 공통 암호로 묶어 매팅시키는 과정이다.

(6) 제어보조계

1) 무선영상 송수신기

영상 신호를 무선으로 전송하는 장치 송신부와 수신부로 나뉘며 송신부의 출력 및 수신부
의 감도에 따라 송수신 거리는 달라진다.

2) OSD (On Screen Display)

각종 정보를 화면에 보여주는 장비로 보통 촬영되는 화면의 영상위에 OverLay 시켜서 보여
주게 된다.

OSD장치

3) FPV 그라운드 스테이션

지상에서 비행체의 촬영장면을 모니터링 하거나 제어하기 위한 장치를 통칭하여 부르는 말이다.

그라운드스테이션

CHAPTER 3

드론의
동작 이해

헬리콥터가 뜨는 데는 운동량 이론(momentum theory)과 깃요소 이론(blade element theory)
이 필요하다. 운동량 이론이란, 헬리콥터의 로터가 회전함에 따라 로터를 지나는 공기의 흐
름에 대한 반작용으로 헬리콥터가 위로 올라가게 되는 것을 말한다. 이것이 헬리콥터의 이
륙 원리이다. 하지만, 이것만으로는 헬리콥터가 전진하는 등의 기동성을 설명할 수 없다.
그렇기 때문에 '깃'이 필요하며, 깃 요소 이론이 적용된다.

1. 운동량 이론

운동량 이론이란, 로터를 회전시키는 추력에 의해 기체가 상승하려는 힘(양력)에 대한 반작
용으로 아래쪽으로 내려가는 공기의 흐름 (로터후류)이 생기는 것을 설명하는 이론이다.

> F(양력) = m(공기의 흐름에 따른 질량) ×a(로터면을 지나는 공기의 속도 변화량)

헬리콥터에 작용하는 힘(F)은 로터가 회전하는데 생기는 양력의 힘, 즉 추력이다. 이 때 가
속도(a)는 속도가 0 이던 공기가 로터를 지나 후류속도로 바뀌었을 때의 속도변화량이며,
질량은 로터면을 통해 연속적으로 흘러내리는 공기의 흐름이다.

> 로터의 추력 = 로터 회전면의 면적×유도속도의 제곱(로터를 지날 때의 속도)
> 공기의 질량 = 공기밀도×회전면의 면적×유도속도

간단하게 말해서, 추력이 같지만 크기가 작은 로터는 큰 로터에 비하여 유도속도가 더 빨라야 하며, 그러기 위해서는 출력이 높아야한다.

과거 출력이 낮은 왕복엔진을 사용했던 경우, 회전면하중(총중량을 회전면의 면적으로 나눈 값)을 작게 취해야 했다. 다시 말해, 로터가 길어야 했으며, 그렇기 때문에 동체도 길었고, 무게도 커져 성능이나 가격 등 모든 면에서 좋지 못한 결과를 낳았다.

하지만 엔진의 발달은 로터의 회전속도를 증가시킬 수 있었고 이에 따라 로터의 크기도 점점 작아질 수 있었다.

여기서, 위의 이야기만으로 본다면, 이론적으로 로터의 크기도 크고 엔진의 출력도 높으면 당연히 로터의 추력이 높아져 매우 큰 양력이 발생될 것이며, 이는 곧 어마어마하게 커다란 헬리콥터를 만들 수 있다는 말과 같다고 볼 수 있다.

하지만 현실은 전혀 그렇지 않다. 헬리콥터 역사에 있어서 회전면하중은 점차 커졌지만 실제적으로 상한선이 보였다. 회전면하중이 $50kg/m^2$을 넘으면 로터를 지나는 유도속도가 너무나 커져서 미리 준비하지 않은 착륙장에서는 온갖 나무토막이나 돌맹이를 날려 보내 헬기의 운용을 어렵게 만들기 때문이다.

또한, 로터가 커질수록, 엔진과 축이 클러치에 의해 분리된 상태에서 자동회전 하는 것을 어렵게 만들기 때문에 위급상황에 대처하지 못하게 된다. 엔진이 고장날 경우 엔진으로 인한 동력의 손실을 막기 위해 클러치를 이용해 터빈축과 구동축을 분리시켜, 로터를 자동회전시키는 일명, '오토로테이션' 활공상태로 만든다. 활공상태의 헬리콥터는 그렇지 않을 경우보다 안전하게 비상착륙할 수 있다. 무선 조종 비행체의 경우 클러치의 대용으로 원웨이 베어링을 사용한다.

2. 깃 요소 이론

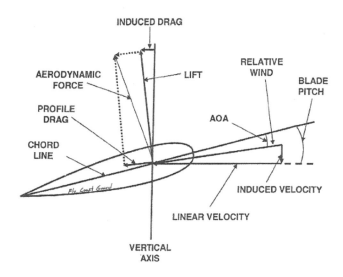

헬리콥터의 깃은 비행기의 에어포일과 달리 윗면과 아랫면이 같다. 비행기의 경우 에어포일은 가만히 둔체 에일러론이나 플랩 등을 이용해 양력을 조절하지만, 헬리콥터는 날개자체를 기울여서 양력을 조절한다.

양력은 로터가 회전하면서 생기는 속도(Linear Velocity, 회전에 의한 속도) 와 아래로 흐르는 공기의 속도(Induced Velocity, 유도속도) 의 합속도(Relative Wind)에 수직이다. 그렇기 때문에 양력은 조금 뒤쪽으로 기울어진채 발생한다. 그리고 중심 구동축과 기울어진 양력 사이의 수평력(Induced Drag)이 유도항력이다.

(1) 와류와 블루엣지

날개의 끝에서 발생하는 와류는 날개를 회전방향의 반대로 끌어당겨 프로펠러의 효율을 떨어뜨리는 동시에 큰 소음을 발생시킨다. 이러한 와류의 간섭을 없애고 소음을 줄인 프로펠러는 블루엣지라고 한다.

(2) 롤링모멘트

헬리콥터에서의 에어포일은 한쪽 방향으로만 회전한다. 다시 말하면 한쪽 날개는 앞으로가고 180도 돌아서 있는 반대쪽 날개는 뒤로 돌아나가게 된다. 전진 비행시 이것은 양력발생에 영향을 주어 양력을 불균형하게 만든다.

하지만, 이것은 크게 문제될 일은 아니다. 로터가 단단하게 묶여있다면, 한쪽에서 양력이 크게 발생하여 헬리콥터는 한쪽으로 기울어 전복되겠지만, 로터를 유연하게 하면(로터를 상하좌우로 자유롭게 움직이도록 하게 함) 한쪽만 올라갔다 다시 내려오므로 양력이 균형을 이루게 된다.

(3) 플래핑힌지

플래핑힌지는 블레이드 회전면(plane of rotation)에 평행한 축과 함께 있는 힌지이다. 델타 또는 플래핑힌지에 대한 헬리콥터 로터 블레이드의 상하운동을 허용함으로써 플래핑에 의한 양력불균형을 해소한다.

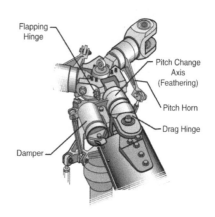

(4) 리드래그힌지

로터 블레이드 끝단(rotor blade tip)이 회전면에서 앞뒤로 움직이는 것을 허용하는 헬리콥터 회전날개 블레이드 뿌리에 있는 힌지이다.

(5) 블레이드 댐퍼

허브와 주회전 날개 사이에 장착되고 주회전날개의 수평 운동으로부터 발생하는 충력을 감쇠시킨다. 주회전 날개가 지상에서 회전하기 시작하거나 정지될 때 또는 비행 중 블레이드의 큰 힘을 받는 갑작스런 운동이 발생되었을 때 관성에 의한 블레이드 운동의 충격을 흡수할 뿐만 아니라 블레이드의 진동(hunting)도 제어된다.

3. 모터 제어 기초

불과 몇 년 전만 해도 RC (Radio Control)는 소위 '있는 사람들'의 특별한 취미였다. 하지만 요즘은 근처의 공터 혹은 야외 공간에서 RC를 즐기는 여러 사람들을 자주 볼 수 있다. 이러한 RC의 대중화에는 여러 가지 이유가 있지만 그 중에서도 한 부분을 차지하는 것은 바로 RC의 전동화가 큰 비중을 차지하고 있다고 말할 수 있다. 그 중에서도 배터리와 모터의 비약적인 발전은 엔진보다 훨씬 뛰어난 전동모터의 발전을 가져왔고 이는 RC에 있어서도 경량화와 더불어 대량생산 및 제품 가격의 하락으로 연결되었다.

(1) 모터의 종류와 작동방식

모터의 종류는 크게 브러쉬모터와 브러시리스모터로 나뉘어지며 브러시리스모터는 다시 인러너모터와 아웃러너모터 그리고 제어방식에 따라 서보모터와 스테핑모터로 나뉘어진다.

1) 브러시모터 (일반 DC모터)의 이해

작동전원에 따라 AC모터 혹은 DC모터로 나뉘어지지만 RC에서는 DC모터만을 다루게 되므로 DC모터를 기준으로 이해하고자 한다.

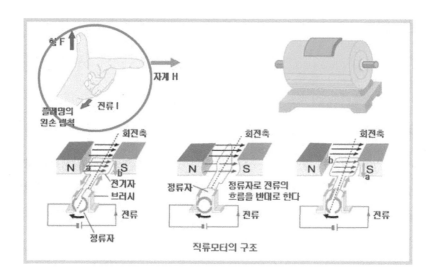

직류모터의 구조

모터는 회전력을 발생시키는 기계로, 흔히 전동기라고 부르기도 한다. 좀 더 학술적으로 말하면 전기적 에너지를 역학적 에너지로 바꾸는 장치를 뜻하게 된다.

사실 이러한 모터는 발명된 것이 아니라, 기계조작의 실수로 우연히 발견되었다고 한다. 1873년 빈에서 세계박람회가 열렸을 때의 이야기이다. 이때 여러 대의 발전기가 전시되어 증기기관으로 그 발전기들을 돌려 발전하고 있었는데, 직원 한 사람이 배선을 잘못해서 발전 중인 발전기와 정지 중인 발전기를 연결해 버렸다고 한다. 그러자 정지중인 발전기가 갑자기 돌기 시작했던 것이고, 이에 깜짝 놀란 담당자들은 여기에서 힌트를 얻어 모터의 원리를 고안해냈다고 한다. 즉 모터는 발전기와 같은 구조면 된다는 것을 알게 되었던 것이다.

직류 모터는 그림에서처럼 고정된 자계 속에 전기자인 코일을 놓고 그 코일에 브러시 즉, 정류자를 통해 직류를 흘리게 된다. 그림의 왼쪽에서 전기자 a의 부분에 플레밍의 왼손법칙을 적용시키면 위 방향으로 힘이 작용하고, 마찬가지의 원리로 전기자 b의 부분에서는 아래쪽으로 힘이 작용하여 전기자는 회전하게 된다. 가운데 그림에서처럼 전기자가 수직으로 되면 전류는 흐르지 않게 되지만 관성 때문에 전기자는 회전을 계속 한다. 전기자가 반회전해서 오른쪽 그림의 위치에 오면 전기자 a, b부분이 왼쪽 그림과 반대로 위치하게 된다. 그러나 정류자에 의해 전류가 반대방향으로 흐르기 때문에 전기자는 같은 힘을 받아 회전을 계속하게 되는 원리이다.

(2) 모터에서의 턴 수와 폴 수의 이해

턴 수라고 하는 것은 로터에 코일이 몇 번이나 감겨있는가를 나타내는 것이다. 10회 감겨있으면 10턴이고 20회가 감겨있다면 20턴이 된다. 하이파워를 얻기 위해서는 두꺼운 코일을 많이 감는 것이 이상적이다. 그러나 로터의 사이즈는 정해져 있는 것이므로 이 2가지 요건을 모두 충족시키는 것은 곤란하다.

두꺼운 선을 사용하면 많이 감지 못하며, 많이 감기 위해서는 가느다란 선을 사용하는 수밖에 없다. 결국 같은 타입의 모터라면 10턴의 코일은 두껍고 20턴의 코일은 가늘게 되는 것이다. 두꺼운 코일을 사용하면 대량의 전류를 한 번에 흘릴 수 있어서 모터의 회전수가 올라간다. 그러나 대 전류를 소비하는 것으로 그만큼 전류소비가 늘어나게 되므로 주행시간은 짧아지게 된다. 또 두꺼운 코일에는 선 자체가 어느 정도 경도를 지니고 있으므로 빈틈없이 깨끗이 감을 수 없게 되어 자속 밀도가 낮아져서 어떻게든 자력이 약해지게 된다.

따라서 얇은 코일을 사용한 모터의 쪽이 대개 토크가 커지게 된다. 기어 바에서 조정하면 된다고 생각하여 무시하는 경우가 많지만 턴 수가 적은 모터는 대개 토크가 얇아진다. 그런데 단순히 스피드로 비교를 하게 되면 고 회전형의 턴 수가 적은 모터가 우위를 차지하게 된다.

폴 수란 2배수로 모터에 장착된 영구자석의 수를 폴 수라 한다. 폴 수가 작으면 고회전에 유리하고 토크는 적은 편이고, 폴 수가 높으면 저회전에 유리하고 토크가 강하다. 이는 극수가 적으면 당기는 힘이 적어지는 대신 로터가 회전하는데 걸리는 저항도 적어져서 빨리 회전할 수 있고 극수가 많으면 당기는 힘이 큰 대신 회전하는데 걸리는 저항도 그만큼 커져서 빨리 회전하기는 힘들다.

예를 들어 동일한 재료로 동일한 400모터 크기의 2폴 모터와 6폴 모터가 있다고 할 때 턴 수에 따라 둘 다 KV가 2000/4000인 것이 존재한다면 대체로 2폴 모터는 4000인 쪽의 효율이 좋고 6폴인 것은 2000인 쪽의 효율이 좋을 가능성이 높다. 실제로도 KV가 낮은 모터로 직결구동을 할 때 비슷한 KV, 비슷한 사이즈라면 해커보다 저가인 메가가 더 효율이 높은 경우도 있다.

따라서 대체로 2폴 모터는 KV가 높은 모터를 많이 감속해서 쓸 때 효율이 높고 10-12폴인 모터는 KV가 낮은 모터를 직결로 쓸 때 효율이 높은데, 4폴은 2폴의 특성과 비교적 유사하고 6폴은 중간적인 특성을 지닌다.

KV에 상관없이 직결에는 2폴을 피하고 감속 시엔 10-12폴을 피하면 대체로 무난하게 쓸 수 있다. 즉, 4-6폴 모터는 KV에 따라 직결이든 감속이든 무난한 성능을 보여주고 감속기 사용

시엔 2폴 모터가 가장 좋은 선택이 될 수 있다. 그러나 전체적으로 볼 때는 폴 수가 낮은 모터가 회전저항이 적어서 대체로 효율이 높은 편이다.

또한 턴 수란 코일이 감겨있는 횟수를 의미한다. 턴 수가 높을수록 저회전 고토크의 특징을 가지게 되고 턴 수가 작을수록 고회전 저토크의 특징을 가진다.

(3) BLDC모터 (브러시리스모터)

흔히 BLDC 모터라 불리는 브러시리스(Brushless) DC 모터는 그 이름에서 알 수 있듯 브러시 타입의 DC 모터와는 달리 모터의 내부에 기구적인 브러시 장치를 가지고 있지 않은 모터를 말한다. 따라서 BLDC 모터는 내부에 기구적인 브러시를 가지고 있지 않기 때문에 전기적인 방법으로 정류(Commutation)를 수행해주어야 한다.

BLDC 모터는 다른 종류의 모터와 비교했을 때 다양한 장점을 가지고 있어서 최근에 가전제품, 자동차, 산업 자동화 등의 다양한 분야에 적용되면서 기존의 브러시 타입의 DC 모터 및 유도 전동기 등의 대안으로 급속히 성장하고 있다.

이러한 BLDC모터는 여러 가지 장점을 가지고 있는데 살펴보면 다음과 같다.

• 광범위한 동작 속도 범위(수십~수만 RPM)

• 속도-토크 특성 우수

• 뛰어난 동적 특성

• 고효율(낮은 소비전력)

• 저소음

• 내구성(상대적으로 긴 수명)

사실 BLDC 모터의 이러한 우수한 특성에도 불구하고 모터 자체의 비용 및 전력용 반도체 소자 등으로 인해 전체적인 비용 상승을 가져오는 어려움을 겪어왔다. 하지만 반도체 부품 및 마이크로컨트롤러 관련 분야의 기술 발전과 함께 제어 관련 기술의 진보가 시너지 효과를 발휘하며 그 영역을 넓히고 있다.

1) 인러너모터

원형 마그넷에 회전축을 장착하고 이것을 구동 코일 내에서 돌리는 모터를 말한다. 이 모터는 그 구조상 제어성이 뛰어나므로 위치결정 혹은 고속회전에 많이 사용한다.

2) 아웃러너모터

코일이 감겨있는 로터가 회전축에 위치하고 외부에 고정형 영구자석이 둘러싸고 있는 형태의 모터를 말한다. 모터의 겉 케이스가 회전자 역할을 하는 모터로, 고토크 저회전 모터가 대부분이다. 모터의 케이스에 자석이 촘촘히 박혀있고, 구조적으로 튼튼해야 하므로 당연히 질량이 크다. 이는 곧 회전관성으로 이어지는데 감속기 없이도 대게 9인치-11인치 즉, 300-400급 브러쉬모터와 같은 일을 감속기어 없이 일할 수 있다. 따라서 감속기어가 없으므로 무게가 감소하고 단순하므로 설치가 용이하다. 마찰이나 열 따위 에너지 손실도 없고 기어박스가 없으므로 소음도 거의 없다.

3) 서보모터

브러시리스 모터에 위치결정을 위한 엔코더를 장착하고 여기에 펄스의 폭으로 위치값을 결정할 수 있도록 만들어진 모터를 말한다. 회전운동을 직선운동으로 변환하거나 가해진 펄스를 변위시켜 위치값을 바꾸는 서보에 사용된다.

4) 스테핑모터

스텝(step) 상태의 펄스(pulse)에 순서를 부여함으로써 주어진 펄스 수에 비례한 각도만큼 회전하는 모터로 펄스 모터라고도 한다.

(4) 모터제어를 위한 펄스의 이해

DC모터의 속도 제어는 단순히 가해지는 전압의 크기를 변경하면 된다. 하지만 브러시리스 모터는 전압뿐만 아니라 위상차 변경을 위해 펄스폭 변조(PWM: Pulse Width Modulation)라 방식을 택하고 있다.

구체적으로는 모터 구동전원을 일정 주기로 On/Off 하는 펄스 형상으로 하고, 그 펄스의 duty비(On 시간과 Off 시간의 비)를 바꿈으로써 실현하고 있다. 이것은 DC 모터가 빠른 주파수의 변화에는 기계 반응을 하지 않는다는 것을 이용하고 있다. 기본회로는 아래 그림과 같으며, 그림에서 트랜지스터를 일정시간 간격으로 On/off하면 구동전원이 On/Off 되는 것이다.

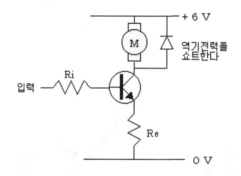

이 펄스 형상의 전압으로 DC 모터를 구동했을 때의 실제 모터에 가해지는 전압 파형은 아래 그림과 같이 되며, 평균전력, 전압을 생각하면 외관상, 구동전압이 변화하고 있는 것이다.

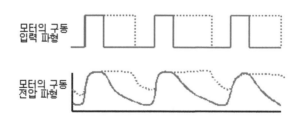

4. 변속기(Electric Speed Controller)의 원리와 세팅

(1) 변속기의 원리

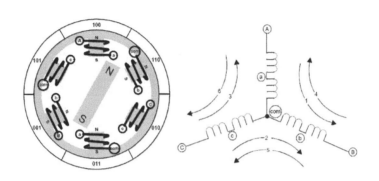

위의 그림은 BLDC 모터의 간단한 구조를 나타내고 있다. BLDC 모터는 영구 자석으로 된 회전자와 권선으로 되어 있는 스테이터 폴들로 이루어져있다. 영구 자석 회전자와 전류가 인가된 권선으로부터 생성되는 자기장 사이의 관계에 의해 전기 에너지는 회전자를 회전시 킴으로써 기계적인 에너지로 변환된다.

위의 그림 왼쪽에는 간단한 형태의 BLDC 모터의 내부를 나타내고 있으며, 오른쪽은 스테이 터(Stator)의 전기적인 구성을 나타내고 있다. 오른쪽 그림에서 (A - a - com - b - B)의 순 서로 전류가 흐르는 1번의 경우를 생각해보자. 그러면 왼쪽 그림에서처럼 해당 스테이터의 극성이 정해진다. 영구 자석으로 되어 있는 로터의 N극은 (A - a) 스테이터와 (com - b) 스 테이터 사이에 위치하고, S극은 (b - B) 스테이터와 (a - com) 스테이터 사이에 위치하게 된 다. 여기서 (A - a - com)으로 흐르는 전류량과 (com - b - B)로 흐르는 전류는 BLDC 모터 에 연결되어 있는 MOSFET 소자에 의해 스위칭 되어 A, B, C에 공급된다.

앞에서 설명한 구조는 내부 로터가 하나의 N, S극 이루어진 단순한 형태의 BLDC 내부 구조 이다. 만약, 로터가 2 폴이 아니라 4 폴이라면, 내부 둘레의 스테이터의 개수도 6개가 아닌 12개가 된다. 그렇게 되면, 스테이터에 인가되는 전류의 상이 바뀔 때, 60도씩 움직이는 것 이 아니라 30도씩 움직이게 된다.

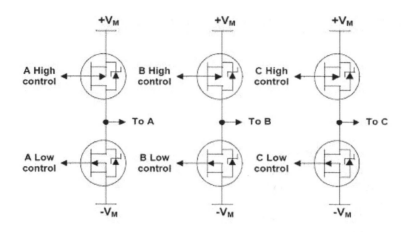

위의 그림은 3상 브리지 회로를 보여주고 있다. High 시그널이 입력되는 P-channel MOSFET 소자와 Low 시그널이 입력되는 N-channel MOSFET 소자로 구성되어 있다. 각각의 MOSFET 소자 사이가 모터의 A, B, C(U, V, W)에 연결되어 모터를 구동시키기 위한 전류를 공급하게 된다. 각각의 드라이브 컨트롤은 MOSFET에 High와 Low 시그널을 조합, 입력하여, A, B, C 터미널에 High 드라이브, Low 드라이브, Floating 드라이브가 걸리게 된다. 한 가지 주의해야 할 점은 이런 형태의 회로에서는 모터전류 공급을 위한 하나의 드라이빙 회로에서 High MOSFET과 Low MOSFET을 동시에 활성화 시키면 안 된다는 것이다. 또한 마이크로 컨트롤러에서의 신호를 즉시 인식시킬 수 있도록 드라이버 입력단에 반드시 풀-업과 풀-다운 저항을 연결해 주어야 한다. High, Low 양쪽 드라이버를 동시에 활성화 시키지 못하게 하는 dead time control이라고 하는 방법은 Low 쪽 드라이버가 활성화되기 전에 High 쪽 드라이버를 적당한 시간만큼 미리 비활성화 시키는 것이다. 일반적으로 드라이버는 on 될 때보다 off 될 때 시간이 더 많이 소요된다. 따라서 동시에 드라이버가 활성화 되지 않도록 이 시간 차이만큼의 여유를 가져야 한다.

하지만, BLDC 모터 제어를 위한 드라이빙 순서는 High 쪽과 Low 쪽이 스위칭이 이루어지기 전에 floating 상태를 거치기 때문에 자연적으로 dead time이 존재하게 된다. 따라서 이런 순서에서는 일부러 dead time을 고려하지 않아도 된다.

아래 그림은 BLDC 모터의 3상 드라이브에 대한 입력 순서는 나타내고 있다.

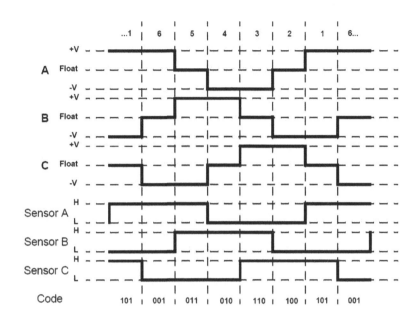

(2) 변속기의 세팅의 이해

1) 모터 타이밍 설정

브러쉬리스모터는 브러쉬모터와 달리 기계적으로 설정되는 타이밍(진각)이 없다. 대신 변속기에서 이를 정해 줄 수 있는데 설명서에 보면 모터에 따른 타이밍 설정이 잘 나오니 그대로 따라 하면 된다. 자신의 모터가 설명서에 없다면 몇 폴 모터인지만 알면 그와 같은 폴 수의 모터처럼 설정하면 된다.

보통 2폴 모터는 2-5도의 타이밍을 주고 10폴 모터는 20-30도의 타이밍을 주며 4, 6폴 모터는 그 사이 값으로 타이밍을 설정하는데 만약 2폴 모터를 4폴 모터 정도에 해당하는 10도정도의 타이밍으로 설정하면 출력이 높아지는 대신 소비전력이 증가하고 효율도 약간 떨어진다. 반대로 10폴 모터를 10도 정도로 설정하면 출력은 낮아지고 소비전력 또한 줄어든다.

2폴 모터를 4폴 모터정도로 설정하는 것은 별 무리가 없지만 극단적으로 10폴 모터에 해당하는 타이밍으로 설정하면 열이 많이 발생하고 효율이 크게 떨어져 모터에 좋지 않다. 반대의 경우엔 모터에 무리는 없지만 출력이 많이 떨어진다.

그래서 보통 타이밍 설정이 불가능한 제티 골드 같은 변속기는 대체로 어떤 모터를 연결하더라도 모터에 무리가 가지 않도록 2-4폴 기준의 타이밍으로 나온다. 따라서 아웃러너 모터를 쓰기엔 최대출력이 나오지 않아 좋지 않다고 볼 수 있겠다.

2) 제어펄스 설정

모터에 가해지는 제어펄스의 단위를 설정한다 하지만 타이밍에 비해 눈에 띄는 효과는 없다. 다만 펄스의 단위가 작게 쪼개어 질수록 변속기의 해상도가 올라가므로 세밀한 제어가 가능해 진다.

3) 모터의 회전방향

변속기 자체에 회전방향을 설정할 수 있는 변속기도 있지만 모터의 회전방향 세팅은 변속기의 출력선 중 아무거나 2개를 서로 반대로 연결해주면 회전방향은 바뀌게 되어 있다.

5. 전원부

(1) 배터리의 이해

1991년 세계 최초로 일본의 Sony사에 의해 개발되어 셀룰러폰용 전원으로 시장에 도입된 리튬이차전지는 그 수요가 급속히 급격히 증가하여 먼저 개발된 Ni-Cd나 Ni-MH 전지를 제치고 소형전지의 중심이 되었다.

1) 리튬폴리머 배터리

리튬이온 배터리는 음극(−)의 전하를 가지는 이온화된 리튬이 이동하는 것을 이용해서 전지로 동작하게 돼 있다. 이때 리튬은 양극의 어느 쪽에 있더라도 항상 이온의 상태를 유지하고 있으며 단자를 구성하고 있는 소재와 결합해 다른 상태로 바뀌는 일은 생기지 않는다. 이러한 기본 원리 때문에 완전 방전되지 않은 상태에서 새롭게 충전을 해도 니켈카드뮴(니카드) 배터리나, 니켈수소 배터리처럼 완전 방전되지 않은 부분을 더 이상 쓸 수 없게 되는 메모리 효과를 일으켜 전체 배터리의 용량이 줄어드는 일은 없는 것이다.

리튬이온 배터리의 단점은 지나치게 충전을 하면 파열될 위험이 있고 순간적인 방전에도 약하며 지나친 방전을 하게 되면 배터리로써의 기능에 영향을 받는다.

리튬전지는 단셀의 전압이 3.7V 이다. 7.4V, 11.1V, 14.8V와 같이 직렬 연결한 경우 RC에 사용하는 경우 방전전류가 높기 때문에 마이너스 단자에 인접한 셀에서 우선적으로 방전이 일어난다. 다시 말하면 여러 셀이 동시에 똑같은 방전을 하지 않는다는 뜻이다.

이것은 회로적으로도 설명이 가능한데, 다른 셀을 거치지 않고 연결된 셀은 바깥쪽의 외부 부하에만 의존하지만 내부에 들어가 있는 셀은 다른 리튬폴리머 셀을 거쳐서 전기를 방출하므로 거치는 셀의 부하도 받게 되기 때문이다. 그러므로 어쩔 수 없이 직렬 연결된 셀은 고방전시 각 셀의 방전량이 달라져서 전압의 차이가 생기는 것이다.

그 상태에서 충전할 경우 방전량의 차이 때문에 셀마다 충전시간의 차이가 발생한다. 그런데 전체전압을 걸고 동시에 충전에 들어가면 이미 완충전 전압인 4.2V에 도달한 것과 아직 도달하지 못하여 4.1V정도에 도달한 셀이 생기고 이때 전체전압은 아직 미충전상태가 되므로 4.2V에 도달한 셀의 과충전이 발생하게 된다. 전체 전압을 걸고 완충전상태에 도달하였을 때는 과충전(4.2V초과) 셀과 미충전(4.2V 미만)셀이 조합하여 표면상으로만 완충전으로 인지되게 되는 것이다.

CHAPTER 4

드론의 세팅

1. 하드웨어 세팅

(1) 기자재의 배치를 먼저 고려하자

기자재를 배치할 때 가장 주의할 점은 바로 노이즈 방지 대책이다. 멀티콥터에서 가장 많은 노이즈를 발생시키는 장치는 바로 변속기와 VU 이다. 이러한 장치의 특징은 전압을 가감시키는 장치라는 것인데 전류를 가변시키는 방식이 열로 발산시키는 리니어타입이 아니라 펄스를 이용한 스위칭 방식으로 단락시켜 변화를 줌으로써 노이즈를 발생시키는 가장 영향력 있는 장치들이다.

이러한 장치들은 특히 지자계에 많은 영향으로 주는데 되도록 노이즈를 발생시키거나 노이즈에 취약한 장치들은 발생지점으로부터 최소한 5Cm 이상을 떨어뜨려 장착 하여야 한다.

따라서 VU, 변속기, 모터, MC, GPS 등은 서로 5Cm이상 떨어지는 것이 가장 좋으며 이때 각 장치들은 노이즈를 발생시키거나 역으로 노이즈의 영향을 받는 장치들이다.

(2) 배선시 주의할 점

배선을 할 때 가장 주의할 점은 배선이 꺾이지 않도록 하는 것이다. 깔끔한 선 정리를 위해 배선을 케이블 타이 등으로 너무 세게 조이면 필요 없는 저항을 발생시켜 오류를 일으킬 수 있다. 가능하면 나선형으로 감아 길이조절을 할 수 있도록 배선하며 날카로운 부위에 닿지 않도록 수축튜브나 보호장비를 사용하여 배선을 보호하도록 한다.

(3) 납땜시 주의할 점

납땜시 가장 많이 하는 실수는 바로 냉납이다. 냉납이란 쉽게 납의 겉표면만을 녹여서 배선했을 때 일어나는 현상이다. 충분한 점점이 이루어지지 않았기 때문에 열이 발생할 수도 있고 충격에 의해 떨어져 나갈 수도 있다. 선과 기판을 배선하는 경우는 선에 충분히 납을 묻히고 기판에도 충분이 납은 묻혀 두개가 하나로 완전히 뭉쳐질 수 있도록 납땜을 해야 한다. 이때 기판에 너무 많은 열을 가하면 기판자체가 망가질 수 있으니 조심하여야 한다.

(4) 각종 도구의 사용과 필요성

멀티콥터를 조립하는데 필요한 공구는 렌치 4종세트(1.5/2/2.5/3mm)이며 십자드라이버 나사를 고정하기 위한 나사고정제, 너트를 조이기 위한 복스렌치 십자드라이버 및 인두기가 필요하다. 이외에도 프로펠러의 밸런스를 잡기위한 밸런서, 모터 및 프롭의 밸런스 조정을 위한 밸런스테이프, 배선을 보호하기 위한 수축튜브와 절연을 위한 절연제등이 추가로 필요하다.

(5) 배선 연결도

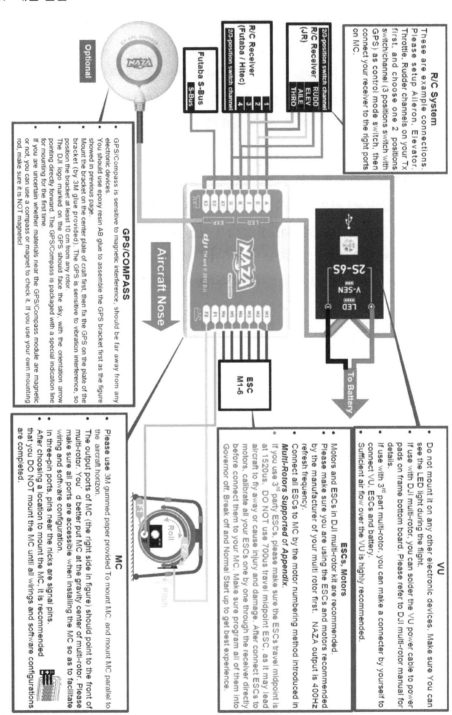

WKM의 배선 연결 1

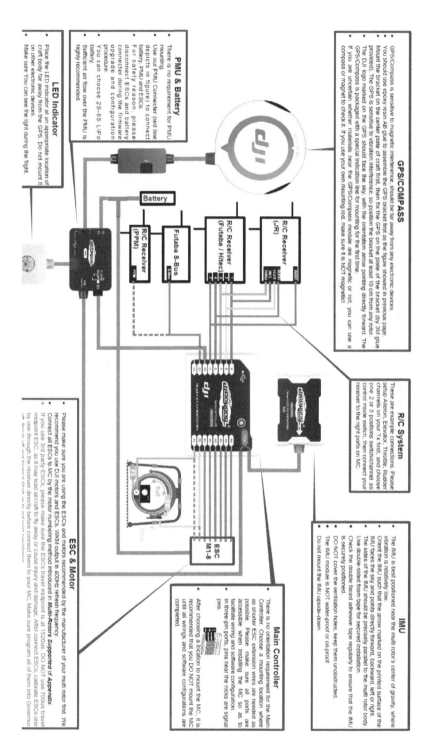

WKM의 배선 연결 2

2. 대형기체용 컨트롤러

(1) 우콩엠 컨트롤러 소개

2012년 발매된 우콩엠 컨트롤러는 현재 대부분의 멀티콥터 컨트롤러의 표준처럼 사용되고 있다. 따라서 본문에서는 우콩엠 컨트롤러 세팅과정을 학습함으로써 멀티콥터 소프트웨어 세팅의 기본을 배우고자 한다.

우콩엠은 일반적인 무선 조종 헬리콥터에 비해서 300~400m 이하의 저고도 비행시 뛰어난 성능을 발휘하도록 설계된 뛰어난 멀티콥터 컨트롤러 시스템이며 그 크기에 상관없이 절대 장난감처럼 쉽게 다룰 수 있는 제품은 아니다. 우콩엠을 이용한 비행시에는 근처에 위험을 초래할 만한 사람이나 물건이 있는지 주의하고 우콩엠을 세팅하는 동안에는 반드시 프로펠러를 제거하여 불의의 사고를 방지하도록 해야한다.

우콩엠은 안전을 위해서 컴퓨터와 연결하여 Assistant 프로그램으로 세팅하는 동안에는 MC가 변속기를 작동시키지 못하도록 설계되어 있다. 즉 스로틀 레버가 어느 위치에 있어도 변속기는 작동하지 않는다.

(2) 세팅전 주의사항

안전한 비행을 위해서 다음 주의사항을 꼭 지켜야 한다.

※ 펌웨어 업그레이드 혹은 시스템 세팅을 할 때는 반드시 모터를 변속기와 분리해야 하며, 적어도 프로펠러는 반드시 분리하고 세팅을 진행해야한다.

※ IMU 센서를 뒤집어서 설치하지 않는다.

※ 조종시스템을 교체한다면 반드시 조종기의 켈리브레이션 과정 세팅을 다시 하여야 하며 MC를 리부팅 해야한다.

※ 조종기 켈리브레이션을 한 후 세팅 프로그램에서 다음과 같이 동작하는지 꼭 확인해야 한다.
- 스로틀레버 : 아래로 당겼을 때 프로그램상의 슬라이드는 왼쪽으로 움직여야 한다.
- 러더 레버 : 왼쪽으로 당겼을 때 프로그램상의 슬라이드는 왼쪽으로 움직여야 한다.
- 엘리베이터 : 아래로 당겼을 때 프로그램상의 슬라이드는 왼쪽으로 움직여야 한다.
- 에일러론 : 왼쪽으로 당겼을 때 프로그램상의 슬라이드는 왼쪽으로 움직여야 한다.

※ GPS와 지자계 센서는 자력에 대해 상당히 민감하다. 가능한 전자기 장치와는 멀리 떨어 뜨려서 장착해야한다.

※ 반드시 조종기를 먼저 커시고 기체에 배터리를 연결한다. 랜딩 후에는 기체의 배터리를 분리한 후 조종기의 전원을 끈다.

※ GPS 신호가 불안정 하다면 GPS 모드로 비행을 하는 것이 더 위험할 수 있으므로 GPS 모드로 비행하지 않는다.

※ 만약 어시스턴트 프로그램에서 짐벌 세팅에 On을 했다면 짐벌제어 신호가 F1과 F2에서 나오게 된다. 이때 절대로 변속기를 연결하면 안된다.

※ 페일세이프 세팅을 조종기에 할 때에는 스로틀 레버를 반드시 중앙에 위치시키도록 세 팅하는 것이 좋다. 스로틀 레버의 위치를 10% 이하로 설정하지 않는다.

※ 비행하는 동안 스로틀레버의 위치는 반드시 제일 아래쪽에서 10%이상 위로 올라가 있 어야 한다.

※ 저전압 상태에서 비행을 하는 것은 매우 위험하다. 저전압이 된다면 반드시 기체를 착륙 시킨다. 만일 그렇게 하지 않는다면 기체가 파손되거나 중대한 사고를 불러 일으킬 수 있다.

※ Immediately 모드를 사용한다면 어떤 컨트롤 모드에서도 스로틀 레버가 10% 아래로 내 려가면 모터는 즉시 멈추게 된다. 또한 CSC를 실행한 후에도 3초간 스로틀 레버를 위로 올리지 않으면 모터는 멈추게 된다. 실수로 비행 중 모터를 멈추게 하면 5초 이내에 스 로틀 스틱을 위로 다시 올리면 CSC를 실행하지 않아도 모터는 다시 스타트 한다.

※ CSC : Combination Stick Command 란 조종자의 실수 혹은 의도치 않는 스로틀 레버의 조작으로 비행체가 파손되거나 사람이 다치지 않도록 하기 위해서 처음 모터를 스타트 할 때에 지정된 방향으로 동시에 조종기의 양쪽 레버를 움직여야만 모터가 돌아가도록 만든 모터 스타트 방식을 말한다.

※ Intelligent 모드에서는 모터를 바로 스타트하거나 스톱시키기 위해서는 CSC를 실행시 켜야 한다. 스로틀 레버가 최하단으로 내려가도 모터는 멈추지 않는다. 하지만 CSC를 실행 후 3초간 스로틀 레버가 10% 이하에 위치해 있으면 자동으로 모터는 멈추게 된다. 또한 멈춘 모터를 다시 움직이게 하기 위해서는 반드시 CSC를 실행해야한다.

※ 세팅을 위한 어시스턴트 프로그램에서 멀티로터의 형태를 변경하면 안전을 위해서 세팅 메뉴 중 짐벌 세팅 스위치가 Off 된다. 짐벌을 사용하려면 다시 짐벌 세팅을 한다.

※ 수신기는 되도록 아래쪽 메인프레임에 설치한다. 또한 안테나는 아래쪽을 향하도록 설치하시는 것이 좋다. 안테나와 조종자 사이에 장애물이 있으면 안테나의 신호가 끊어질 수 있다.

※ 비행 전에는 모든 커넥터가 올바르게 연결되어 있는지 그리고 모든 장치들이 단단하게 부착되어 있는지 확인한다.

※ 무선 영상 송수신 장치를 사용하고자 한다면 MC와 25Cm 이상을 떨어뜨려 장착하시는 것이 좋다. 강한 출력의 무선영상 송수신장치는 MC의 오작동을 유발할 수 있다.

※ 노이즈를 유발 하는 모든 전자기와 MC 그리고 지자계는 가능한 멀리 떨어뜨려서 장착한다. 최소거리는 5Cm 이며 25Cm 이상이 된다면 안전한 거리다.

(3) 우콩엠의 컨트롤 모드

<우콩엠의 컨트롤 모드>

	GPS 모드	Atti 모드	Manual 모드
조종기의 명령에 따른 비행특징	멀티콥터의 자세를 자동으로 제어하며 완전한 수평상태를 유지할 수 있으며 최대 기울기는 35°이다.		조종기의 명령에 대해 기체의 기울기를 최대 초당 150°로 기울일 수 있다.
비행체 직접제어	가능		
스틱이 모두 중앙에 위치할 때	비행체의 위치와 자세 및 고도가 자동으로 고정된다.	기체의 자세와 고도만 유지되며 위치는 고정되지 않는다.	비행체가 어떻게 움직일지 예상할 수 없음으로 추천하지 않는다.
비행체의 자세 고정 기능	땅에서 1M 이상 떨어져 있을 때 가장 이상적인 자세를 유지할 수 있다.		자동으로 자세유지를 하지 않는다.
GPS 신호가 끊어졌을 때	GPS 신호가 끊어지면 10초 후에는 Atti 모드로 자동 변환 된다.	위치는 자동으로 유지할 수 없지만 고도와 비행자세는 자동으로 유지된다.	관련 없음
비행의 특징	조종자의 명령에 MC는 스스로 기체의 자세와 속도 높이를 제어한다. 조종기와 송신이 끊어지거나 기체에 이상이 생기면 자동으로 출발장소로 돌아오게 세팅이 가능하다.		조종자의 숙련도와 날씨 그리고 여러 가지 환경의 영향을 받는다.
활용처	자동 비행	취미 목적의 비행	테스트 이외에는 추천하지 않음

(4) WooKong M 소개

DJI 의 우콩엠(WooKong for Multi-motors : WKM)은 단순한 취미용부터 전문가까지 멀티로터 형태의 헬리콥터를 이용하고자 하는 사람들을 위한 자동 비행 시스템이다. 무선조종을 하면서 느끼는 스트레스로 부터 완전히 해방시켜줄 우콩엠은 4개의 날개를 가진 쿼드콥터부터 8개 이상의 날개를 가진 옥토콥터까지 대부분의 멀티콥터들을 지원할 수 있다.

<우콩엠 구성 소개>

Main Controller (MC) x1	
• Main Controller(MC)는 우콩엠을 이루는 각종 센서로부터 정보를 받아 비행체를 제어하는 두뇌역할을 한다. • USB 케이블을 통하여 컴퓨터로 각종 세팅 및 펌웨어 업그레이드가 가능하다.	
IMU	
• Inertial Measurement Unit (IMU) 는 3축 자이로스코프와 3축 가속도계 그리고 기압계로 구성된 센서 장치다. 기체의 자세제어를 위한 가장 중요한 데이터를 MC로 보내는 역할을 한다.	
GPS & Compass (GPS 와 지자계 센서)	
• 기체의 위치와 방향을 담당하는 GPS와 지자계 센서가 장착된 모듈이다. 여기에 취합된 정보를 MC로 보내는 역할을 한다.	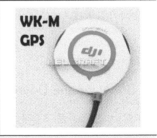
LED Indicator	
• 기체의 컨트롤 모드와 여러 가지 정보를 사용자에게 알려주는 LED 모듈이다.	

Power Management Unit (PMU)	
• 어떠한 종류의 배터리를 연결하여도 MC 및 우콩엠의 각종 센서에 안정적인 파워를 공급해주는 모듈이다. • 두 가지의 전압으로 우콩엠 시스템에 전원을 공급하며 배터리 전압과 전류를 체크하는 전류센서가 내장되어 있다.	
GPS 브라켓	
• GPS와 지자계는 매우 민감하며 다른 전원장치의 노이즈에 취약합니다. 따라서 최소 5센티 이상 유격을 두고 장치를 설치할 때 쓰이는 브라켓이다.	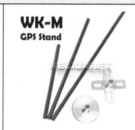
PMU 커넥터	
변속기 및 전원공급장치와 PMU를 연결하는 커넥터이다.	
USB 데이터 케이블	
MC와 컴퓨터를 연결할 때 사용하는 데이터 케이블이다.	
3Pin Servo Cable x 10	
MC와 수신기를 연결할 때 쓰이는 3핀 서보케이블이다.	
3M 양면 테이프	
우콩엠의 각종 장치를 부착할 때 사용하는 양면 테이프다.	

(5) Software and Driver Installation

① 어시스턴트 프로그램과 드라이버를 사용자의 컴퓨터 OS에 맞게 다운받고 압축을 해제한다.

> 다운로드 페이지 : http://www.dji-innovations.com/products/wookong-m/downloads/

② MC와 컴퓨터를 USB 케이블로 연결한 후 기체에 배터리를 연결한다.

③ 만약 컴퓨터가 자동으로 드라이버를 설치하려고 한다면 Cancel 한다.

④ 압축을 푼 드라이버 폴더에서 Driver setup 프로그램을 실행한다. 그리고 지시하는 순서에 따라 드라이버를 설치한다. 기체와 컴퓨터가 완전히 연결된 상태에서 드라이버를 설치해야한다.

⑤ 어시스턴트 프로그램을 설치하기 위해 Setup 프로그램을 실행한 후 프로그램이 지시하는 단계에 따라 프로그램을 설치한다.

3. 우콩엠 실전 세팅

다음은 GUI (어시스턴트프로그램의 그래픽 유저 인터페이스) 소개이다.

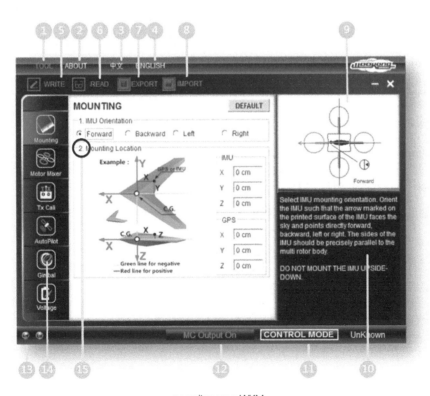

regarding your WKM

(1) 메뉴소개

■ TOOL

• Flight Limit : 기체의 비행제한 거리를 설정한다. 고도는 지상 20~300M 거리는 30~500M 까지 설정할 수 있다. 비행제한을 On 하면 한계 거리나 고도에 이르렀을 때 기체는 더 이상 제한 구역을 벗어나지 않고 경계선에 머무르게 된다.

• 고도제한 : 만약 고도 제한을 설정하면 기체의 고도는 어떤 컨트롤 모드(노멀/ATTi/GPS)에서도 지상으로부터 설정된 값 이상 올라가지 못한다. 그러나 페일세이프가 걸리거나 웨이포인트를 이용한 비행은 고도제한 설정의 영향을 받지 않는다. 기체가 한계 고도에 도달하면 더이상 상승하지 않고 그 자리에 머무르게 된다.

• 거리제한 : 만약 거리제한을 설정하면 기체는 홈포인트로 부터 설정된 거리 이상을 벗어나지 못하게 된다. 이는 GPS 모드에서만 동작을 한다. 기체가 거리를 벗어나려고 하면 브레이크가 자동으로 작동되어 제한 구역을 벗어나지 못하게 된다. 거리제한 역시 페일세이프나 웨이포인트를 이용한 데이터 비행은 거리제한 설정에 영향을 받지 않으며, 홈포인트 저장이 정상적으로 이루어 지지 않거나 노멀 비행 및 Atti 모드 비행에서는 거리제한의 설정이 소용 없다.

• Firmware upgrade: MC의 펌웨어를 업데이트 한다.

• Disable All Knob : 모든 기능을 정지시킨다.

• Check for Updates: 어시스턴트 프로그램의 버전과 펌웨어의 버전을 체크한다. 만약 버전이 틀리면 제공되는 링크를 통해 최신 프로그램과 펌웨어를 다운 받을 수 있다.

■ ABOUT

• Info: 우콩엠에 대한 정보를 보여준다.

• Error Code : 나타나는 에러 메시지를 보여준다.

■ 中文

중국어 메뉴로 바꾼다.

■ ENGLISH

영어 메뉴로 바꾼다.

■ WRITE

현재 설정을 MC에 저장한다. 여러 설정값이 저장되지 않은 상태에서는 빨간색 굵은 글씨체로 나타난다. Write 버튼을 누르면 원래 검은색 글씨로 바뀌고 MC에 저장이 된다.

■ READ

MC로부터 여러 설정값을 읽어온다.

■ EXPORT

지금 어시스턴트 프로그램에 있는 여러 설정값을 컴퓨터에 저장한다.

■ IMPORT

컴퓨터에 저장된 설정 데이터를 어시스턴트 프로그램으로 불러온다.

■ Graphic guidance

설정 및 메뉴에 관련된 참고자료를 그림으로 보여주는 부분이다.

■ Text guidance

설정 및 메뉴에 관련된 도움말을 텍스트로 보여주는 부분이다.

■ CONTROL MODE:

현재 선택된 컨트롤 모드가 무엇인지 나타내는 부분이다.

■ MC Output On

변속기에서 출력이 나오고 있는지 나타내어주는 LED표시등 이다. MC Output Off가 나타난다면 좀 더 안전하게 어시스턴트 프로그램을 이용하여 멀티콥터를 세팅할 수 있다.

■ VIA Interface Indicater

• Red light: WKMnPC 연결되어 있지 않다.

• Green light: WKMnPC 정상적으로 연결되어 있다.

• Blue light: WKMnPC 데이터를 정상적으로 주고받는 상태다.

■ 세팅메뉴 선택

이 부분에서 순서에 따라 각종 세팅메뉴를 선택 할 수 있다.

■ Configuration step

세팅메뉴의 세부 구분을 나타내어 주는 부분이다.

① MC에 먼저 전원을 연결한 후, 인터넷이 연결되어 있는 컴퓨터에 제공되는 USB케이블을 이용하여 어시스턴트 프로그램과 연결한다. 처음 어시스턴트 프로그램을 실행한다면 자동으로 소프트웨어 버전과 펌웨어 버전을 체크하도록 되어 있다.

② 데이터를 저장하거나 불러오는 동안에는 USB 케이블을 분리하지 않는다. 또한 DJI사에서 제공하는 포맷으로 저장된 설정 데이터만 컴퓨터에서 불러올 수 있다.

(2) 펌웨어 업그레이드

펌웨어 업그레이드시에는 반드시 모터를 변속기와 분리하는 것이 좋다. 또한 동봉되어진 PMU를 통해 MC에 전원을 공급하는 것이 안전하다. 준비가 되면 다음 단계를 따라 펌웨어를 업그레이드 한다.

① 1단계 : 컴퓨터가 인터넷과 연결되어 있어야 한다.

② 2단계 : 백신프로그램과 인터넷 방화벽의 실행을 잠시 중단한다. 다른 어플리케이션 프로그램도 업그레이드 동안에는 중단하는 것이 좋다.

③ 3단계 : MC에 PMU를 통해 전원을 공급한다. 펌웨어를 업그레이드 하는 동안에는 전원이 끊어지면 안된다.

④ 4단계 : MC와 PC를 제공된 USB 데이터 케이블로 연결한다. 펌웨어 업그레이드 동안 연결이 끊어지지 않도록 조심한다.

⑤ 5단계 : 어시스턴트 프로그램을 실행한 후 연결이 될 때까지 기다린다. Skip 버튼을 누르면 안된다. 자동으로 프로그램이 넘어가도록 기다린다.

⑥ 6단계 : TOOL → Firmware Upgrade 메뉴를 선택한다.

⑦ 7단계 : DJI회사의 서버가 자동으로 현재 최신 펌웨어 버전을 체크한다. 그리고 최신 펌웨어를 설치할 수 있도록 준비한다.

- 펌웨어 업그레이드 후에는 반드시 우콩엠의 세팅값을 다시 설정해야한다.
- 인터넷이 느려지거나 끊어진다면 펌웨어 업그레이드를 나중에 진행하시는 것이 좋다.
- 펌웨어 업그레이드가 실패하면, 다시 연결할 때 자동으로 업그레이드가 실행된다. 실행되지 않으면 꼭 다시 위의 순서대로 업그레이드를 실행한다.

Product Info

사용자의 MC 버전을 ABOUT · Info.에서 확인할 수 있다. 이 정보에는 프로그램의 버전과 펌웨어 버전, IMU버전 및 하드웨어 ID를 확인할 수 있다. 32개의 숫자로 구성된 시리얼 넘버는 나중에 MC의 기능을 업그레이드 하거나 확장기능을 사용할 때 검증을 통한 활성화 절차(액티베이션)를 거치게 될 때 꼭 필요한 정보이다. 데이터 비행 및 각종 확장기능을 이용하기 위해서는 새로운 시리얼 넘버를 받아 입력을 해야 기능이 활성화 된다. 공급사를 통해서 받게 되는 새로운 시리얼번호를 입력란에 넣고 Write버튼을 누르면 기능이 활성화 된다.

30번 이상 잘못 넣게 되면 MC는 사용불가 상태가 되며 공급사를 통해 지원을 요청해야한다.

⑧ 8단계 : 만약 보여지는 최신 펌웨어 버전이 사용자의 펌웨어 버전보다 높다면 Upgrade버튼을 클릭한다.

⑨ 9단계 : 어시스턴트 프로그램이 업그레이드를 마칠 때까지 기다린다.

⑩ 10단계 : 업그레이드가 끝나면 OK 버튼을 클릭하시고 MC에 전원을 다시 연결한다.

(3) 대형기체용 우콩엠 실전세팅

1) Mounting

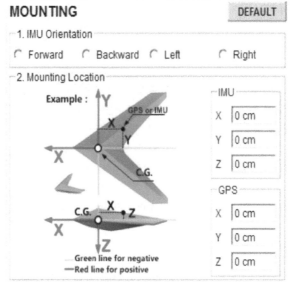

Mounting

IMU 가 설치되었을 때 IMU의 화살표가 가리키는 방향을 선택한다. 멀티콥터의 비행방향을 기준으로 IMU의 화살표가 가리키는 방향이 정면 혹은 후면, 왼쪽, 오른쪽인지를 선택한다.

IMU를 45도 혹은 비스듬히 설치하지 않는다. 정확히 IMU의 어떠한 측면이든 비행의 방향과 평행해야 한다. 즉 IMU는 기체의 전진 방향과 일치하던지 아니면 좌, 우 90도 혹은 180도 방향으로만 설치해야 된다는 뜻이다.

> ※ 주의사항
> 절대로 IMU를 뒤집어 설치하지 않는다.

STEP 2 : Mounting Location

비행이나 항공촬영을 할 때 필요한 모든 장치를 멀티콥터에 설치하고 비행체의 무게중심을 정확히 찾아낸다. 그 무게중심으로부터 IMU와 GPS센서가 어느 정도의 거리를 두고 설치되어 있는지 설정하는 메뉴이다. X, Y, Z 3축의 거리를 입력해야 하는데 빨간색이 +를 나타내고 녹색은 −를 나타낸다. 만약 GPS가 무게중심으로부터 기체의 위쪽으로 10Cm 떨어져 장착되어 있다면 GPS란의 Z축 칸에는 -10Cm가 입력되어져야 한다는 뜻이다.

※ 주의사항

① 기체에 새로운 구조물이 장착되어 무게중심이 변경된 것 같다면 모든 값을 새로운 무게중심에 맞추어 재설정한다.
② 만약 +/− 를 잘못 입력하였거나 그 밖에 잘못된 정보를 입력한다면 멀티콥터는 심한 진동 및 잘못된 비행상태를 나타내게 되며 대부분 추락한다.
③ 빨간색이 +방향이고 녹색선이 − 방향으로, 반드시 주의해서 설정한다. 또한 거리의 단위는 Cm 이다.
④ 미리 정확한 Cm 단위의 위치를 표시한 다음 그 자리에 GPS 및 IMU를 설치하시면 정확한 값을 입력할 수 있다.
⑤ GPS에도 방향이 있는데, GPS의 삼각형 모양이 튀어나온 부분이 전진 방향이다. GPS의 방향을 기체의 전진 방향과 일치 시켜야 한다.

---

2) Motor Mixer

Motor Mixer

STEP 1 : Mixer Type

조종기의 모델 타입을 비행기로 설정해야 한다. 그리고 비행기에 추가로 설정하는 부분을 모두 OFF 혹은 INH 로 하고 가장 기본적인 비행기 모델타입으로 설정해야 한다.

오른쪽에 나타나는 멀티콥터의 모양과 자신의 멀티콥터의 모양과 비교하여 일치하는 것을 선택하면 된다.

① 우콩엠은 9가지 형태의 멀티콥터를 기본적으로 지원한다. 부록에서 지원되는 멀티콥터를 확인할 수 있다.
② 옥토콥터에서 MC의 카메라 짐벌 제어시스템을 사용하고자 한다면 수신기가 S-BUS, S-BUS2 혹은 PPM 방식을 지원해야 한다. 이때 T, R포트를 짐버제어 컨트롤로 사용할 수 있으며 다른 어떤 포트도 짐버제어를 위한 포트로 사용할 수 없다.

STEP 2 : Motor Idle Speed

모터를 스타트 하게 되면 모터는 지정된 속도로 계속 회전을 하게 된다. 모터 아이들 스피드는 바로 이 속도를 지정하는 메뉴이다. 기본속도를 더 느리게 혹은 더 빠르게 지정할 수 있는데 RECOMMEND 는 공장에서 출하되는 기본 값이며, Low로 갈수록 느려지고 High로 갈수록 빨라진다. 슬라이드 바를 움직여서 지정하신 후 write 버튼을 눌러 저장하면 된다.

대체로 세팅할 때 여름철에는 RECOMMEND 값을 쓰고 겨울철에는 한 단계 올려서 사용하면 더욱 편하게 된다.

※ 주의사항
① 비행체의 이륙을 스로틀레버 최저 지점에서 모터가 천천히 돌게 하면서 이륙을 하고자 하면 아이들 스피드를 LOW 쪽으로 지정하면 된다.
② 특별한 목적이 없다면 모터아이들 스피드를 RECOMMEND나 그 이상의 지점에 놓고 사용하시는 것이 좋다. 너무 낮게 지정을 하면 이륙할 때 까지 모터의 회전수가 상승하는데 오랜 시간이 걸리게 된다.

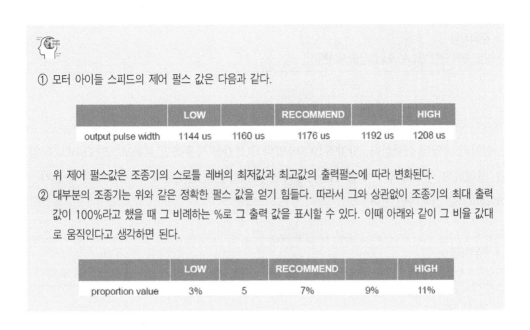

① 모터 아이들 스피드의 제어 펄스 값은 다음과 같다.

	LOW		RECOMMEND		HIGH
output pulse width	1144 us	1160 us	1176 us	1192 us	1208 us

위 제어 펄스값은 조종기의 스로틀 레버의 최저값과 최고값의 출력펄스에 따라 변화된다.

② 대부분의 조종기는 위와 같은 정확한 펄스 값을 얻기 힘들다. 따라서 그와 상관없이 조종기의 최대 출력 값이 100%라고 했을 때 그 비례하는 %로 그 출력 값을 표시할 수 있다. 이때 아래와 같이 그 비율 값대로 움직인다고 생각하면 된다.

	LOW		RECOMMEND		HIGH
proportion value	3%	5	7%	9%	11%

3) Tx Monitor

Tx Monitor 기능은 수신기의 타입과 모터를 세우는 방법 그리고 조종기의 입력범위를 결정하는 켈리브레이션 과정과 각종 레버의 정상 동작여부, 그리고 U채널에 연결되는 채널의 동작여부와 포인트 값을 입력하는 메뉴이다.

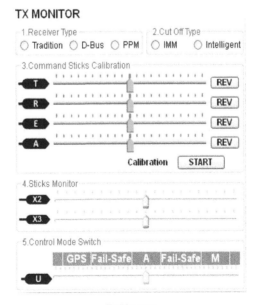

Tx Monitor

> **※ 주의사항**
> 세팅을 하기 전에 반드시 프로펠러를 제거한다.

STEP 1 : Receiver Type

수신기의 타입을 선택한다. 만약 S-BUS타입의 수신기를 사용하면 호환모드인 D-BUS 타입을 선택하고 PPM방식의 수신기를 사용하면 PPM타입을 선택한다. 그 외 모든 수신기는 Tradition을 선택하면 된다.

> **※ 주의사항**
> 수신기의 타입을 변경한 다음에는 반드시 MC에 전원을 다시 연결한 다음 조종기 켈리브레이션 셋업을 다시 해야한다.

- 만약 S-BUS타입이나 PPM타입의 수신기를 사용한다면 데이터 채널을 통해 A(에일러론), E(엘리베이터), T(스로틀), R(러더), U(컨트롤모드채널), X2(짐버 피치조절), X3(비행모드 조절)등 7개 채널의 모든 데이터를 하나의 선으로 주고받을 수 있다. 다만 옥토콥터에서 MC의 카메라 짐벌 제어시스템을 사용하고자 한다면 수신기가 S-BUS, S-BUS2혹은 PPM 방식을 지원해야 한다. 이때 T, R포트를 짐버제어 컨트로로 사용할 수 있으며 다른 어떤 포트도 짐버 제어를 위한 포트로 사용할 수 없다.
- 우콩엠은 R6203SB 타입과 R6208SB 타입 두 가지의 S-BUS 수신기를 지원한다.

STEP 2 : Cut Off Type

우콩엠에서 모터를 스타트 하거나 멈추기 위해서는 CSC 라는 방식의 명령을 조종기 두 레버를 통하여 내리게 된다. Combination Stick Command (CSC)란 사용자의 뜻과 상관없이 스로틀 레버가 움직여서 모터가 회전을 시작하여 불필요한 사고를 유발하는 것을 방지하고자 두개의 레버를 지정된 방향으로 움직여야 모터가 돌거나 멈추게 되는 레버동작 방법을 말한다.

아래의 그림 중 어느 한 가지라도 실행하면 MC에 CSC명령을 통하여 모터를 스타트하거나 멈추게 할 수 있다.

- Stop Motor : 모터를 멈추게 하는 방법은 Immediately 와 Intelligent 로 두 가지 선택을 할 수 있다.

- Immediately 모드 : 이 모드는 CSC 명령을 통하여 모터를 스타트 한 뒤 한번이라도 10%이상 레버가 위로 올라간 다음, 다시 레버를 10%이하로 내리면 모터가 즉시 멈추는 모드다. 이때 10%이하로 내려간 스로틀 레버가 5초 이내에 다시 10% 위로 올라가면 CSC 명령을 내리지 않아도 모터는 다시 돌기 시작한다. 또한 CSC 명령을 통해 모터를 스타트한 뒤 3초 이내에 스로틀 레버에 아무런 움직임이 없으면 모터는 자동으로 멈추게 된다.

- Intelligent 모드 : 인텔리전트 모드는 모터를 멈추는 방법이 비행 컨트롤 모드에 따라 달라진다. 만약 컨트롤모드가 매뉴얼 모드이면 CSC 명령을 통해서만 모터를 멈출 수 있다. 하지만 Atti 모드나 GPS 모드에서는 아래 4가지 방법으로 모터를 멈추게 할 수 있다.

  ▶ 3초 이상 스로틀 레버를 위로 올리지 않는 경우

  ▶ CSC 명령을 내리는 경우

  ▶ 착륙 후에 3초 이상 스로틀레버가 10% 이하에 머무르는 경우

  ▶ 스로틀 레버가 10%이하에 있으면서 기체의 기울기가 70°이상인 경우

인텔리전드 모드에서의 비행

- 모터를 스타트하기 위해서는 반드시 CSC 명령을 내려야 한다. 스로틀 레버만 위로 올려서는 모터가 스타트 하지 않는다.(CSC : Combination Stick Command)
- Atti 모드와 GPS 모드에서는 MC가 지금 착륙했다고 판단이 되면 3초 후에 자동으로 모터가 멈춘다.

- Atti모드와 GPS 모드에서는 CSC 명령을 통해 모터를 스타트 한 후 3초 이내에 스로틀레버를 10%이상 올리지 않으면 모터가 멈추게 된다.
- 일반적인 비행에서는 어떤 경우에도 일시적으로 스로틀레버가 10%이하로 떨어진다고 해도 모터는 멈추지 않는다.
- 기체의 파손 특히 전자기기의 파손을 막기 위해서 기체가 프로펠러의 파손이나 모터의 이상으로 인해 기울기가 70°이상이 되는 경우 스로틀레버를 10% 이하로 내리면 모터는 즉시 멈추게 된다.
- 어떤 비행모드에서도 CSC 명령을 내리면 모터는 즉시 멈춘다.

STEP 3 : Command Sticks Calibration

- T(스로틀) : 아래로 당겼을 때 프로그램상의 슬라이드는 왼쪽으로 움직여야 한다.
- R(에일러론) : 왼쪽으로 당겼을 때 프로그램상의 슬라이드는 왼쪽으로 움직여야 한다.
- E(엘리베이터) : 아래로 당겼을 때 프로그램상의 슬라이드는 왼쪽으로 움직여야 한다.
- A(에일러론) : 왼쪽으로 당겼을 때 프로그램상의 슬라이드는 왼쪽으로 움직여야 한다.

① 1단계 : 가장 먼저 조종기의 모든 채널의 End Point 값을 100%로 설정하고 서브 트림 및 미세트림을 0 로 설정한다. 모든 커브 값은 디폴트 값이어야 한다. 즉 직선으로 유지되어야 한다.

② 2단계 : 조종기의 모든 레버를 중앙으로 위치시킨다.

③ 3단계 : START 버튼을 클릭하고 조종기의 두 레버를 아래 그림과 같이 네 방향으로 끝까지 밀어 준다.

④ 4단계 : 모든 방향으로 끝까지 움직였으면 레버를 중앙으로 위치시킨 후 FINISH 버튼을 누른다.

⑤ 5단계 : 레버를 움직여서 위에 제시된 방향대로 움직이는지 확인하고 만약 반대로 움직이다면 REV/NORM 버튼을 눌러서 방향을 바꾸어 준다.

※ 주의사항

① 켈리브레이션 도중에 레버를 중앙에 위치시켜도 슬라이드는 중앙으로 돌아오지 않을 수 있다. FINISH 버튼을 눌러야 중앙으로 위치하게 된다. 만약 FINISH 버튼을 눌렀는데도 중앙으로 돌아오지 않는다면 MC에 전원을 다시 연결하고 MC에 전원이 들어오는 동안 조종기의 레버를 건드리지 않는다.

② CSC 명령은 모든 트림값이 0 인 상태여야만 정확히 작동한다.

STEP 4 : Stick Monitor

스틱 모니터 기능은 수신기의 각 채널에 연결된 배선과 조종기의 정확한 동작을 확인하기 위해 조종기의 입력에 따라 슬라이드가 변하게 된다.

STEP 5 : Control Mode Switch

컨트롤 모드를 사용하기 위해서는 조종기의 2단 스위치나 3단 스위치를 채널에 할당하고 수신기의 해당 채널을 MC의 U 포트와 연결해야 한다. 그런 다음 스위치의 위치에 따라 컨트롤모드의 슬라이드바가 움직이는지 확인하고, 스위치를 가운데 놓은 다음, 조종기의 서브트림을 이용하여 A(Atti Mode)에 파란불이 들어오도록 슬라이드바의 위치를 변경한다. 그리고 스위치의 1단 위치와 3단 위치에서 각각 M(Manual Mode)와 GPS(GPS Mode)에 파란불이 들어오도록 조종기의 END Point 혹은 Tr-ADJ 메뉴를 이용하여 슬라이드바를 움직인다. 스위치를 움직였을 때 슬라이드바의 각 영역에 정확히 파란불이 들어와야 한다.

스위치 설정

① 슬라이더가 정확히 움직이게 만들려면 선택된 채널의 End Point와 SubTrim을 조정해야 한다.

② 3단 스위치인 경우 먼저 2단에서 A 모드에 불이 들어오도록 서브트림으로 조정을 하고 1단과 3단 위치에서 Manual모드와 GPS 모드에 불이 들어오도록 End Point설정을 해주어야 한다.

③ 2단 스위치인 경우, 3가지 모드 중 2가지만을 선택해서 움직이게 할 수 있다.

4) Autopilot

Autopilot

STEP 1 : Basic Parameters

일반적으로 설정된 기본값을 사용해도 문제는 없다. 하지만 각기 다른 종류의 모터, 변속기, 프로펠러와 다른 크기를 사용하는 수많은 멀티콥터에 정확한 비행을 원한다면 게인(감도) 값을 각각 맞추어 주어야 한다. 일반적으로 게인값이 너무 높으면 비행체는 빠르게 흔들리는 헌팅을 하게 되고 게인값이 너무 낮으면 기체가 수평을 유지하는 능력이 너무 작아 비행이 어려워 진다. 따라서 사용자가 이용하는 멀티콥터가 안정적인 비행을 하길 원한다면 각각의 게인값을 정확히 세팅해 주어야 한다. 게인값을 변화시킬 때는 한번에 10%에서 15% 정도의 범위에서 증감 시키는 것이 안전하다.

피치(앞뒤 기울기)와 롤(좌우 기울기)의 BASIC 감도는 기체가 조종자의 명령에 의해서 기울어진 상태에서 레버를 놓았을 때, 얼마나 빨리 수평을 회복하게 만들 것인가를 정하는 것이다. 즉 게인값이 높을수록 아주 조금만 기울어져도 수평을 회복하려고 하며 회복하는 속도 또한 빨라진다. 게인을 맞추는 방법은 레버를 움직였다가 놓았을 때 기체에 약간의 헌팅이 발생할 만큼 10%에서 15%씩 게인값을 올려가다가 헌팅이 발생하면 다시 헌팅이 사라질 때까지 게인값을 조금씩 줄여나가면 된다. 베이직 게인값이 정확히 맞으면 아직 설정되지 못한 Atti 상태의 게인값이 상대적으로 낮아져 자동비행에서의 반응성이 느려지게 된다. 이는 뒤에 Atti 게인값을 다시 설정하면 해결된다.

Yaw 축의 게인값은 정확히 헬기의 꼬리 감도와 일치한다. 게인값이 높을수록 조종자의 회전명령에 대한 반응성이 빨라진다. 러더스틱의 작은 움직임에도 기체가 너무 민감하게 회전을 하려고 한다면 게인값을 낮추면 된다. 일반적으로 베이직 피치나 롤 게인값보다 약 7-8% 정도 낮게 설정하면 무난하다. 이 게인값이 너무 높으면 기체에 회전 명령을 내렸을 때 기체가 크게 흔들릴 수 있다. 왜냐하면 멀티콥터의 회전은 다수의 프로펠러의 속도를 조절하여 그 반토크를 제어함으로써 회전을 하게 되는데 감도가 너무 높으면 조종자의 명령에 모터의 회전속도가 너무 빠른 속도로 반응하게 되고 이에 따라 멀티콥터의 안정성이 불안해지게 되기 때문이다.

수직축에 대한 게인값(Vertical Gain)은 기체가 고도를 유지하려는 감도를 말한다. 게인값이 높을수록 기체는 작은 고도의 변화에도 반응하여 움직이려고 한다. 따라서 너무 감도를 높이면 기체가 위아래로 심하게 요동칠 수 있다. 좋은 Vertical Gain 값을 설정하기 위해서는 두 가지 방법으로 확인이 가능하다.

① 기체를 호버링 상태에서 회전을 시켜본다. 기체가 안정적으로 고도를 유지하도록 감도를 설정한다. 회전을 시켰을 때 기체가 위아래로 움직인다면 감도가 낮은 것이다. 또한 반대로 위아래 방향으로 진동을 하듯이 움직인다면 감도가 너무 높은 것이다.

② 기체를 Atti모드나 GPS 모드에서 전진 비행을 시켰을 때 기체가 안정적으로 고도를 유지하는지 살펴본다. 스로틀 스틱을 조금만 움직여도 기체의 고도가 심하게 변한다면 감도를 20% 범위 내에서 낮추어 준다. 만약 조종자의 스로틀 레버 명령에 느리게 반응하는 것 같다면 감도를 10% 범위에서 증가시켜 주면 된다.

Attitude Gain은 조종자가 스틱을 움직였을 때 그에 대한 반응속도를 결정하는 값이다. 게인값이 너무 높으면 스틱을 조금만 움직여도 기체가 크게 움직이게 되고 게인 값이 너무 낮으면 스틱을 움직이고 난 뒤에 반응을 하게 된다. 게인 값이 너무 높으면 비행성은 거칠어

지게 되고 게인 값이 너무 낮으면 수평으로 돌아오는 속도뿐만 아니라 비행 중 기체를 멈추
었을 때 그에 대한 반응 속도도 너무 느려지게 된다.

※ 주의사항

① 처음 세팅을 하는 경우 반드시 DEFAULT 버튼을 눌러서 초기화 시킨 다음 세팅을 진행한다. 그러면 다음 단계
　로 펌웨어 업그레이드를 진행할 수 있다.

② Vertical Gain은 매뉴얼 모드 비행에서는 동작하지 않는다.

---

① 사용자가 만약 초보자라면 다음과 같이 감도 설정을 하면 된다.

- 멀티콥터가 호버링 상태에서 작은 기울기 변화를 조종자가 주었을 때 약간의 헌팅(빠르게 흔들리는 것)
　이 발생할 때까지 게인 값을 10% 범위에서 증가시킨다.
- 멀티콥터가 호버링 상태에서 헌팅이 사라질 때까지 베이직 피치, 롤 게인값을 감소 시키시면 된다.
- 특별한 경우가 아니면 피치와 롤 게인값은 같은 값을 설정하는 것이 좋다.

② 베이직 게인값이 적당하지 않으면 부가설정 기능은 활성화 되지 않는다.

③ 비행하면서도 베이직 게인값을 바꾸어 주는 방법이 있다.

- INH 로 표시된 리모트 설정을 X2 혹은 X3 로 바꾸어 준다.
- MC의 X2 포트와 X3포트에 조종기에서 볼륨 스위치가 할당된 채널을 연결한다.
- 조종기에서 볼륨레버를 돌리면 게인값이 변화하는 것을 볼 수 있다.
- 비행하면서 해당 볼륨을 돌려 게인값을 변화시키면서 적당한 게인값을 찾아낼 수 있다.

④ 일반적으로 멀티콥터가 커질수록, 무게가 증가할수록 모터의 개수가 많아질수록 각 게인값은 증가하게 된다.

STEP 2 : Advanced Parameters (부가설정)

대부분의 경우 이 설정은 무시해도 상관없다. 기본값이 대부분의 멀티콥터에 가장 적당한
세팅을 제공한다. 따라서 여기서는 이 부분을 무시하고 지나간다. 몇몇 멀티콥터의 경우와
특별한 목적으로 비행을 하려는 사용자에게 정확한 비행성능에 대한 조절을 하려는 목적으
로만 세팅 되어지는 값들 이다.

송수신 신호가 끊어졌을 때 기체의 어떻게 움직일지 결정하는 페일세이프 모드는 다음 HOVER(호버링모드), Go Home(백홈 모드), Altitude Go Home(지정고도 백홈 모드) 세 가지 중 한 가지를 선택할 수 있다. 이런 MC의 자동비행 기능은 아래와 같은 경우 활성화 된다.

① 송수신기의 거리가 너무 멀어져서 송수신이 끊어지거나 조종기가 꺼지거나 하는 경우 곧바로 활성화 된다.

② MC와 수신기 사이의 A, E, T, R, U 채널 중 한 개 혹은 그 이상의 신호가 끊어지는 경우, 만약 사용자의 멀티콥터가 이륙 전이라면 조종기의 스로틀 레버를 움직여도 모터는 스타트 하지 않는다. 만약 비행 중이라면 지금 송수신 신호가 끊어졌다는 것을 경고하기 위해 LED는 파란색으로 깜빡이고 MC는 세팅된 방법으로 자동비행을 하게 된다. 호버링 중에 페일세이프 기능이 활성화 되거나 U채널의 접속이 끊어지게 되면 멀티콥터는 자동으로 착륙을 실행한다.

덧붙여서 Go Home 체크박스에 체크를 하고 활성화 시키면 Go Home 명령을 X3 채널을 통하여 내릴 수 있다. X3 채널에 2단 스위치가 할당된 수신기의 채널을 연결하고 스위치를 올리면 슬라이드바가 Start 방향으로 움직이는 것을 볼 수 있다. 비행 중 Start 명령이 활성화 되면 LED는 일반적인 페일세이프의 파란색 불빛이 아니라 보라색으로 깜빡이게 되고 지정된 Go Home방식이나 Altitude Go-Home방식에 따라 홈 포지션으로 복귀하게 된다.

→ 멀티콥터의 홈포인트는 MC(multicopter Controller)에 의해 자동으로 설정된다.

GPS 신호가 6개 이상 수신된 상태(빨간색 LED가 한 번 이하로 깜박일 때)가 8초 이상 유지된 다음 사용자가 첫 번째로 스로틀 스틱을 위로 올리면 그 위치를 홈 포지션으로 자동으로 기억한다.

* Go-Home Altitude: 기체가 페일세이프 상태로 변환되었을 경우 기체의 행동방법을 사용자가 직접 선택할 수 있다. 즉 송수신의 연결이 끊어지거나 사용자가 인위적으로 Back Home을 실행시켰을 경우의 기체의 움직이는 방법을 다음 세 가지 형태로 지정할 수 있다.

- Hover (호버링 모드)

호버링 모드를 선택하면 송수신기의 연결이 끊어지거나 페일세이프가 활성화 되었을 때 제자리에서 비행 상태로 대기한다.

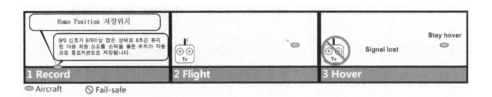

- Go-H (Go home 모드)

호버링 모드를 선택하면 송수신기의 연결이 끊어지거나 페일세이프가 활성화 되었을 때 출발한 곳의 고도보다 20M 이상일 때, 20M 일 때, 20M 보다 저고도일 때 비행체는 아래와 같이 움직인다.

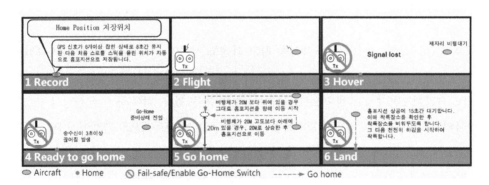

- Altitude Go-H (지정고도 Go-home 모드)

호버링 모드를 선택하면 송수신기의 연결이 끊어지거나 페일세이프가 활성화 되었을 때 지정된 고도로 비행하여 출발한 곳으로 돌아오는 방법이다.

아래 그림과 같이 Go-H 모드와 동일한 움직임을 보이나 고도가 20M로 고정되는 것이 아니라 사용자가 직접 고도를 지정할 수 있다. 지정고도의 입력 범위는 20M에서 300M 이며 기본 세팅값은 20M다. 또한 오차는 1M의 범위 안에서 움직인다.

- Go-Home Switch : 이 기능을 사용하기 위해서는 조종기에서 Go-home 명령을 수행하기 위한 2단 스위치를 지정해 주어야 한다. 먼저 수신기에서 한 채널에 3핀 서보선을 연결하고 MC의 X3 port에 위 선을 연결해 주어야 한다. 스위치를 ON 시켰을 때 세팅프로그램의 START 위치에 오도록 지정해준다. 만약 반대로 동작한다면 해당 채널에 리버스를 걸어서 반드시 ON 위치에서 START 가 실행되도록 해야 한다. 정상적으로 세팅 되었다면 스위치가 START 위치에 있을 때 기체의 LED 표시등은 파란색으로 깜빡 거린다.

5) 비행모드에서의 용어 정리

■ Forward Direction

엘리베이터 스틱을 앞으로 밀었을 때 기체가 비행하는 방향을 말한다.

■ Nose Direction

기체를 조립했을 때 기체의 전진방향으로 세팅된 방향을 의미한다. 이 방향은 IMU가 향하는 방향 혹은 GPS의 화살표가 가리키는 방향을 의미한다.

일반적으로 기체가 비행시에는 기체를 조립할 때 세팅된 Nose Direction 방향으로 전진을 하게 된다. 하지만 WKM에서는 비행모드의 선택에 따라 Nose Direction 과는 상관없이 기체의 전진 방향을 다음과 같이 선택하여 비행할 수 있다. (조종기의 스틱방향과 기체의 Nose Direction 그리고 Forward Direction 방향을 주의 깊게 살펴본다.)

■ 코스락 비행모드 (Course Lock mode)

아래 그림과 같이 코스락 모드에서는 기체의 Nose Direction 과는 상관없이 기체를 띄울 때 세팅된 방향으로 비행하게 된다.

코스락 비행모드

① 조종기의 End Point (JR 혹은 walkera 조종기에서는 tr – adjust)설정을 이용하여스위치의 각 포인트 가 정확히 StandBy와 Start 위치에 활성화 되도록 조정해야한다.

② 예를 들어 StandBy 가 스위치의 OFF 이고 Start 가 스위치의 On 이라고 가정했을 때, 스위치를 이용하 여 Go – home을 실행 시키는 방법은 다음과 같다. 만약 조종기가 처음 바인딩 되었을 때, 스위치가 On 상태에 있었다면 Go-Home 스위치를 OFF 시켰다가 다시 ON 시켜야 Go-Home 이 실행된다.

또한 조종기를 켰을 때 스위치가 OFF 상태에 있었다면 스위치를 On 하는 것만으로도 Go-Home이 실행 된다.

③ 스위치를 이용하여 Go-Home을 실행했을 때 기체가 되돌아오는 위치는 데이터링크를 이용한 Ground Station 프로그램에서 지정한 홈 포인트와 동일하게 인식된다.

④ Ground Station 프로그램에서 홈 포인트가 세팅 되지 않았다면 멀티콥터 컨트롤러MC에 자동 저장된 포 인트가 홈 포인트로 인식된다. (주의 : 데이터 링크를 이용한Ground Station 프로그램에서는 사용자가 임의로 홈 포인트를 설정 할 수 있다.)

⑤ X3 포트를 이용한 Go-Home 스위치를 사용하지 안하려면 자동으로 가변 감도조절 채널로 세팅 될 수 있다. 가변감도조절 스위치에 할당되지 않았는지 확인하고 할당 되었다면 취소해야 한다.

⑥ Go-Home 이 진행되는 동안에 기체의 상승속도는 1.5m/sec 이다.

※ 주의사항

① 페일세이프 모드 이거나 다른 원인으로 인해 Go-Home이 실행 중이라면 스위치를 이용해 Go-Home 명령을 내려도 Go-Home이 두 번 실행되지 않는다.

② 인하든 기체가 Go-Home 모드를 실행 중일 때는 조종기로 기체를 제어할 수 없다. 만약 조종기로 기체를 제어 하고 싶다면 조종기의 컨트롤모드 전환 스위치를 Atti 모드나 Manual 모드로 전환하면 된다. 전환 즉시 기체는 조종기로 제어가 가능하다.

③ Home 모드를 실행하는 방법은 조종기의 모든 레버를 가운데 놓고 GPS 전환 스위치를 제외한 모든 스위치를 OFF 시킨 다음, 기체를 주시한다. 만약 기체가 엉뚱한 방향으로 이동하거나 안전을 위해서 조종기의 제어 상태 로 되돌리고 싶다면 컨트롤 모드 스위치를 0.5초 간격으로 Atti 모드나 Manual 모드로 전환하였다가 다시 원위 치로 복귀하면 된다. 기체는 바로 조종기의 제어 상태로 회복된다.

STEP 4 : Intelligent Orientation Control(지능형 비행모드)

WKM의 비행모드는 크게 4가지로 나뉘어 진다. 일반 매뉴얼 비행모드인 manual 모드, Course Lock 모드 Home Lock 모드 POI 모드이다. 각각의 목적에 따라 정확한 비행방법을 숙지해 안전한 비행을 한다.

■ 홈락 비행모드 (Home Lock mode)

홈락 모드는 말 그대로 기체가 이륙한 장소를 홈포인트로 지정하여 홈포인트에서 멀어지는 것이 전진, 홈포인트로 가까워지는 것이 후진으로 비행이 된다. 또한 기체를 바라보는 방향으로 좌우가 에일러론을 이용한 좌우 수평비행이 된다.

홈락 비행모드 (Home Lock mode)

■ POI 모드 (Point of interest 모드)

가장 쉽게 설명하면 가상의 홈포인트를 인위적으로 설정하여 가상의 홈포인트를 기준으로 홈락처럼 비행하는 비행모드다.

POI 모드 (Point of interest 모드)

■ Setting manual (설정방법)

IOC(지능형 비행모드) 모드를 사용하기 위해서는 먼저 3단으로 움직이는 조종기의 스위치를 수신기의 여유채널에 할당한 후 해당 채널을 MC의 X2채널에 연결한다.

3단의 스위치는 매뉴얼모드, 코스락모드, 홈락모드, POI 모드 총 4가지의 비행모드 중 3가지를 선택하여 세팅할 수 있다. 4가지를 모두 사용하는 것은 불가능하다.

① 세팅1단계: 정확히 3단 스위치가 할당된 여유채널을 MC의 X2포트에 연결한다. 그런 다음 세팅프로그램에서 Control1 버튼을 누를 때마다 각 비행모드를 다음과 같이 세 가지 IOC모드 타입으로 선택할 수 있다.

- Control 1 : Home Lock,   Course Lock, OFF(manual)

- Control 2 : POI,   Course Lock, OFF(manual)

- Control 3 : Home Lock, POI,   OFF(Manual)

② 세팅2단계: 스위치를 움직여 가며 선택한 비행모드에 파란불로 활성화 되도록 조종기의 서브트림과 EPA메뉴를 이용하여 정확히 세팅한다.

- 세팅할 때(1번과 3번은 선택에 따라 바뀌어도 된다.)
  Control 1 : 3번은 Home Lock, 2번은 Course Lock, 1번은 OFF(manual)
  Control 2 : 3번은 POI,   2번은 Course Lock, 1번은 OFF(manual)
  Control 3 : 3번은 HomeLock,   2번은 POI,   1번은 OFF(Manual)
- 세팅할 때(1번과 2번은 선택에 따라 바뀌어도 됩니다.)
  Control 1 : 2번은 Home Lock, 1번은 OFF(manual)
           혹은 2번은 Course Lock, 1번은 OFF(manual)
  Control 2 : 2번은 POI,   1번은OFF(manual)
           혹은 2번은 Course Lock, 1번은OFF(manual)
  Control 3 : 2번은 HomeLock,   1번은OFF(Manual)
           혹은 2번은 POI,   1번은OFF(Manual)

- 사용하게 되면 비행 전이나 비행도중에라도 새로운 홈포인트 혹은 POI 비행모드의 임시 포인트(Point Of Interest)를 토클링을 통하여 설정할 수 있다. 이것은 비행전 자동적으로 세팅되는 홈포인트와는 별개로 비행 중 새로운 홈포인트나 POI모드의 임시 홈포인트를 설정할 수 있다는 뜻이다. 다음과 같이 3단 스위치 사이의 반복적인 이동을 통해서 설정이 가능하다.

  1번에서 2번을 왔다 갔다 하는 경우 : 2번이 새로운 값으로 저장된다.

  2번에서 3번을 왔다 갔다 하는 경우 : 3번이 새로운 값으로 저장된다.

  1번에서 3번을 왔다 갔다 하는 경우 : 2번 혹은 3번 중 하나의 값 아니면 2번과 3번이 동시에 새로운 값으로 저장될 수 있다. 1번에서 3번을 왔다 갔다 하는 것은 어떤 값이 저장될지 모르기 때문에 위험한 상황을 초래할 수 있다. 3번을 새로운 포인트로 저장하고자 할 경우 반드시 2번과 3번을 정확히 반복 이동할 수 있도록 해야된다. (위 설명에서 2번 혹은 3번이 새로운 값으로 저장된 다는 뜻은 2번이 만약 Home Lock 모드라면 새로운 홈포인트가, 2번이 만약 Course Lock 이라면 새로운 기체의 전진방향이, 2번이 만약 POI 라면 새로운 POI비행을 위한 새로운 임시 홈포인트가 저장된다는 뜻이다.)
- S 혹은 PPM 타입의 수신기를 사용한다면 조종기 및 수신기 설정에서 보여주는 데로 정확히 배선을 연결하시고 조종기의 2단 혹은 3단 스위치를 5번 채널에 할당해 주기만 하면 된다.
- 치를 움직였을 때 세팅프로그램에서 정확히 포인트간 이동이 이루어 지지 않으면 서브트림과 EPA 조정을 통해서 정확히 파란불이 들어오면서 포인트간 이동이 되도록 조종기를 세팅하여야 한다.

> **※ 주의사항**
>
> 만약 2단 스위치를 사용하여 비행모드를 세팅 하다면 반드시 OFF 모드가 한 개는 들어가 있어야 한다. 다음과 같이 2단 스위치로 Home Lock 모드와 Course Lock 모드만을 2단 스위치에 할당하거나 POI 모드나 Home Lock 모드만을 세팅하는 것은 기체의 비행 안전을 위해서 삼가야 한다.

1) Course Lock 모드 사용법

■ 기체의 비행 설명

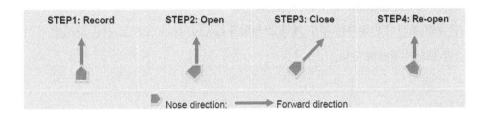

- Nose Direction : 매뉴얼모드에서 전진하도록 설정된 방향
- Forward Direction : 실제 비행상태에서 엘리베이터키를 밀었을 때 기체의 전진방향

• Record : 기체가 바인딩 되었을 때 저장되는 기체의 방향

• Open : 해당모드로 스위치를 전환 하였을 때

• Close : 해당 스위치 모드를 껐을 때

• Re-open : 다시 해당모드 스위치를 켰을 때

① 1단계 : 기체의 Forward Direction 을 설정하는 방법

자동으로 설정하는 방법과 수동으로 설정하는 방법이 있으며 만약 설정이 정상적으로 되었으면 LED표시등이 녹색으로 빠르게 10번 정도 깜빡인다.

ⓐ 자동설정 : 기체에 배터리를 연결한 후 30초간 대기하면 녹색불이 빠르게 10번 정도 깜빡이면서 그때 기체의 Nose Direction이 Forward Direction 으로 자동 저장된다.

ⓑ 수동설정 : 3단 혹은 2단으로 설정된 비행모드 스위치를 OFF에서 Course Lock 모드로 빠르게 3~5번 정도 왔다 갔다 반복으로 움직이면 그때 기체의 Nose Direction이 새로운 Forward Direction 으로 자동 저장된다.

② 2단계 : Course Lock모드 스위치의 활성화 방법

아래의 조건이 만족하는 경우 비행모드 스위치를 Course Lock모드로 움직이면 노란색 불이 LED 표시등에 한 번씩 천천히 깜빡이면서 코스락 모드가 활성화 된다.

ⓐ 기체의 Forward Direction 이 정상적으로 저장된 경우

ⓑ MC의 컨트롤 모드가 ATi 모드나 GPS 모드인 경우

③ 3단계 : Course Lock모드 스위치를 끄는 방법

해당 스위치를 OFF 모드나 다른 비행 모드로 전환한다.

④ 4단계 : Course Lock모드 스위치의 재활성화 방법

2단계의 조건이 만족하는 경우 해당 스위치를 Course Lock 모드로 전환 하시면 다시 코스락 모드가 활성화 된다.

※ 주의사항

다음과 같은 상황에서는 Course Lock 비행모드가 자동으로 OFF 될 수 있으니 주의한다.

• 롤 모드가 Atti모드나 GPS 모드가 아닌 Manual모드일 경우.
• 나 웨이포인트를 이용한 자동비행모드일 경우.

2) Home Lock 모드 사용법

■ 기체의 비행 설명

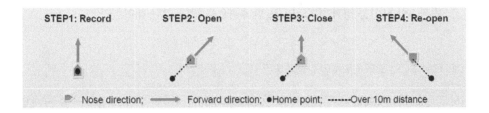

* Nose Direction : 매뉴얼모드에서 전진하도록 설정된 방향

* Forward Direction : 실제 비행상태에서 엘리베이터키를 밀었을 때 기체의 전진방향

* Home Point : 기체의 MC에 저장된 기체의 출발점, (출발한 지점으로부터 10미터 이내의 반지름 원형 지역이 홈포인트로 저장된다. 따라서 정확한 홈락 비행모드를 위해서는 기체가 출발한 지점으로부터 10M 이상을 벗어나야 홈락모드가 정상적으로 작동한다.)

* Record : 자동 혹은 수동으로 저장되는 기체의 홈포인트

* Open : 해당모드로 스위치를 전환 하였을 때

* Close : 해당 스위치 모드를 껐을 때

* Re-open : 다시 해당모드 스위치를 켰을 때

① 1단계 : 기체의 Home Point를 설정하는 방법

여기서 홈포인트란 기체가 출발한 지점을 의미하며 동시에 기체가 백홈 되었을 때 되돌아오는 지점을 말하기도 한다.

ⓐ 자동설정 : 기체가 이륙하기 전 GPS 신호가 6개 이상(LED의 빨간불이 한번 깜빡이거나 들어오지 않는 상태) 잡혀있는 상태가 8초 이상 지속된 후, 처음 조종기의 스로틀 레버를 위로 올려 기체가 이륙한 지점이 기체의 홈포인트로 MC에 자동저장 된다.

ⓑ 수동설정 : GPS 신호가 6개 이상(LED의 빨간불이 한번 깜빡이거나 들어오지 않는 상태) 잡혀있는 상태가 8초 이상 지속된 후, 조종기의 비행 모드 스위치를 Home Lock 모드와 다른 모드 사이를 빠르게 3~5번 정도 반복적으로 왔다 갔다 하면 그때 기체가 위치한 지점이 새로운 홈포인트로 MC에 저장됩니다.

> **예** 1번이 OFF 모드이고 2번이 Home Lock모드인 경우
> 1번과 2번 사이를 반복적으로 스위치 전환

> **예** 1번이 OFF 모드이고 2번이 Course Lock모드 3번이 Home Lock모드일 경우
> 2번과 3번 사이를 정확히 스위치로 반복적으로 왔다 갔다 해야한다.

2단계 : Home Lock모드 스위치의 활성화 방법

아래의 조건이 만족하는 경우 비행모드 스위치를 Home Lock 모드로 움직이면 녹색불이 LED 표시등에 한 번 씩 천천히 깜빡이면서 홈락 모드가 활성화 된다.

ⓐ 기체의 홈포지션이 정상적으로 저장된 경우

ⓑ 기체의 GPS 신호가 6개 이상 정상적으로 수신되는 경우

ⓒ MC의 컨트롤 모드가 GPS 모드인 경우

ⓓ 기체가 홈포지션으로부터 10M이상 벗어나 있는 경우

3단계 : Home Lock모드 스위치를 끄는 방법

해당 스위치를 OFF 모드나 다른 비행 모드로 전환한다.

4단계 : Course Lock모드 스위치의 재활성화 방법

2단계의 조건이 만족하는 경우 해당 스위치를 Course Lock 모드로 전환 하면 다시 Home Lock 모드가 활성화된다.

※ **주의사항**
다음과 같은 상황에서는 Home Lock 비행모드가 자동으로 OFF 될 수 있으니 주의한다.
- 롤 모드가 ATi모드나 GPS 모드가 아닌 Manual모드일 경우
- 나 웨이포인트를 이용한 자동비행모드일 경우
- 모드가 Atti 모드이거나 기체가 홈포인트에서 반경 10M이내에 접근하게 되면 기체의 비행모드는 자동으로 Course Lock 모드로 전환된다.

3) POI(Point Of Interest) 모드 사용법

■ 기체의 비행 설명

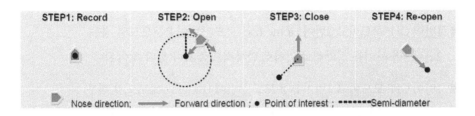

* Nose Direction : 매뉴얼모드에서 전진하도록 설정된 방향

* Forward Direction : 실제 비행상태에서 엘리베이터키를 밀었을 때 기체의 전진방향

* POI : 기체의 MC에 저장된 POI지점, (POI지점으로부터 10미터 이내의 반지름 원형 지역이 POI지점으로 저장된다. 따라서 정확한 POI 비행모드를 위해서는 기체가 임시로 설정된 POI 지점으로부터 10M이상을 벗어나야 POI모드가 정상적으로 작동한다.)

* semi-diameter : 조종자가 기체를 POI중심으로 회전비행을 하기 위해 POI지점으로부터 기체를 이동시킨 거리

* Record : 비행모드 스위치의 반복운동을 통해 기체에 설정된 POI지점

* Open : 해당모드로 스위치를 전환 하였을 때

* Close : 해당 스위치 모드를 껐을 때

* Re-open : 다시 해당모드 스위치를 켰을 때

1단계 : 기체의 POI를 설정하는 방법

여기서 POI란 기체의 MC에 저장된 가상의 POI 지점을 의미하며 동시에 기체가 좌우 수평 비행을 할 때 회전 반경의 중심이 되는 지점을 의미한다.

ⓐ 설정 방법 : GPS 신호가 6개 이상(LED의 빨간불이 한번 깜빡이거나 들어오지 않는 상태) 잡혀있는 상태가 8초 이상 지속된 후, 조종기의 비행 모드 스위치를 POI 모드와 다른 모드 사이를 빠르게 3~5번 정도 반복적으로 왔다 갔다 하면 그때 기체가 위치한 지점이 새

로운 POI로 MC에 저장 되며 이때 LED는 녹색불이 빠르게 10번 정도 깜빡인다.

> **예** 1번이 OFF 모드이고 2번이 POI모드인 경우
>
> 1번과 2번 사이를 반복적으로 스위치 전환

> **예** 1번이 OFF 모드이고 2번이 Home Lock모드, 3번이 POI모드일 경우
>
> 2번과 3번 사이를 정확히 스위치로 반복적으로 왔다 갔다 해야된다.

> **예** 1번이 OFF 모드이고 2번이 POI 모드, 3번이 Home Lock모드일 경우
>
> - 1번과 2번 사이를 정확히 스위치로 반복적으로 왔다 갔다 해야된다.

2단계 : Home Lock모드 스위치의 활성화 방법

아래의 조건이 만족하는 경우 비행모드 스위치를 POI모드로 움직이면 녹색불이 LED 표시등에 한 번 씩 천천히 깜빡이면서 POI 모드가 활성화된다.

ⓐ 기체의 POI 지점이 정상적으로 저장된 경우

ⓑ 기체의 GPS 신호가 6개 이상 정상적으로 수신되는 경우

ⓒ MC의 컨트롤 모드가 GPS 모드인 경우

ⓓ 기체가 홈포지션 으로부터 5M이상 벗어나 있으면서 500M 이내에 위치한 경우

3단계 : POI모드 스위치를 끄는 방법

해당 스위치를 OFF 모드나 다른 비행 모드로 전환한다.

4단계 : POI모드 스위치의 재 활성화 방법

2단계의 조건이 만족하는 경우 해당 스위치를 POI 모드로 전환하면 다시 POI 모드가 활성화 된다.

※ **주의사항**

다음과 같은 상황에서는 Home Lock 비행모드가 자동으로 OFF 될 수 있으니 주의한다.

• 롤 모드가 Manual모드일 경우

• 웨이포인트를 이용한 자동비행모드일 경우

• GPS 신호가 6개 미만으로 LED에 3개의 빨간불이 깜빡이는 경우

• 모드가 Atti 모드이거나 기체가 홈포인트 에서 반경 5M 이내에 접근하게 되는 경우, 또한 기체가 500M 이상 벗어난 경우.

• LED에 녹색불이 천천히 깜빡이는 것은 지능형 비행모드(IOC모드)에서의 코스락 모드나 홈락모드의 비행이 정상적으로 이루어질 수 있다는 뜻이다.

• 안전을 위해서는 지금 사용자가 어떤 모드로 비행을 하고 있는지 그리고 기체의 전진방향이 어느 쪽인지 확실히 숙지하고 비행을 해야한다.

• 1개의 Home Point 만 MC에 저장된다. 이 저장된 지점은 페일세이프일 경우 그리고 백홈 명령을 내렸을 경우 기체가 되돌아오는 지점을 의미한다.

• 세팅을 통해 Control 1 을 선택하여 조종기의 비행모드 스위치가 OFF 모드, Course Lock모드, Home Lock 모드로 설정되어 있다면 GPS 시그널이 끊어지거나 약해지는 경우 자동으로 Course Lock 모드로 전환된다. 단 이것은 GPS의 신호가 끊어진 경우를 의미하며 GPS의 신호가 왜곡되는 경우나 잘못된 GPS의 신호가 정상인 것처럼 잡히는 경우 의도하지 않는 방향으로 기체가 비행할 수 있다. 따라서 IOC 모드에서 Home Lock모드나 POI 모드를 이용하여 비행을 할 때에는 언제든지 즉각 비행모드를 OFF 상태나 Course Lock 모드로 전환하여 비행할 수 있도록 준비하고 있어야 한다.

• POI모드로 안전한 비행을 원하면 되도록 홈포인트에서 가까운 곳 즉 기체의 비행모습을 육안으로 정확히 확인할 수 있는 거리 내에서 비행을 하는 것이 좋다.

• 안전한 컨트롤을 위해서는 되도록 3단 스위치로 세팅하는 것이 좋다.

■ 코스락 모드와 홈락 모드의 비행 동영상 설명

• http://museon.co.kr/140163953626

• http://museon.co.kr/140163956615

※ 주의사항

① 정확한 비행을 하기 원한다면 되도록 기체가 홈포지션으로 부터 10M이상 벗어난 다음에 홈락모드 스위치를 활성화한다. 만약 기체가 홈포지션으로 부터 10M이내에 있는 상태에서 비행 중 처음으로 홈락모드 스위치를 활성화 했다면 10M이상 기체가 홈포지션으로 부터 벗어나면 자동으로 홈락모드가 작동이 되기 시작한다.

② 선으로부터 너무 멀리 벗어나 있을 경우 반복적으로 비행모드 스위치를 조작하여 홈락모드를 활성화 했다가 껐다가 하지 않는다. 실수로 기체가 위한 위치가 새로운 홈포인트로 인식될 수 있다.

③ 건물이 밀집된 지역에서 POI 모드를 사용하는 경우 기체가 비행 중에 송수신기의 연결이 끊어지는 경우 Fail-Safe 모드에서의 비행방법에 설정된 방법대로 백홈이 되거나 제자리 호버링 모드가 실행될 수 있다. 항상 송수신기의 연결이 끊어질 수 있다는 가정하에 안전한 위치에서 POI모드를 사용한다.

④ 설정하여 비행모드를 사용하는 경우 수동 설정 방법으로 새로운 Home Point나 POI 포인트를 저장하는 경우 잘 못하면 원하지 않는 새로운 Home Point나 POI 포인트가 저장될 수 있다. 동시에 두 개의 위치가 자동으로 저장되지 않도록 정확히 스위치를 작동시켜 Home Point 혹은 POI 포인트를 저장해야한다.

　절대로 1단과 3단 사이를 반복적으로 움직여 동시에 두개의 포인트가 저장되지 않도록 한다. 1단과 2단 사이만 반복적으로 움직여 원하는 포인트를 저장하던지 2단과 3단사이만을 움직여 원하는 포인트를 저장해야 한다. 2단을 지나쳐 1단과 3단 사이를 움직이도록 스위치를 조작하면 원하지 않는 포인트가 새로운 포인트로 저장될 수 있다.

⑤ 행을 할 경우, 만약 기체가 홈포지션으로 부터 10M이내의 반경에 되돌아오는 경우나, 컨트롤 모드 스위치를 Atti 모드로 전환 하는 경우 비행모드는 자동으로 CourseLock 모드로 전환된다. 다만 이때 기체의 전진 방향은 기체가 이륙하기전 Course Lock모드로 비행하기 위해 저장된 기체의 전진방향이 아니라 현재 기체가 움직이는 방향이 새로운 Course Lock 모드인 것처럼 비행을 하게 된다. 이때 만약 사용자가 조종기의 컨트롤모드 스위치를 Course Lock모드로 전환하게 되면 그때서야 처음 기체를 띄우기 전 기체에 저장된 Forward Direction 방향으로 움직이게 된다.

⑥ 이용하기 위해서는 기체를 홈포지션으로 부터 10M이상 벗어나게 한 다음 사용하기를 권장하며 POI모드 또한 POI포지션으로부터 10M이상 500M 이내의 거리에서 사용하기를 강력히 권고한다.

⑦ 약하거나 왜곡이 있는 신호가 잡히는 경우 POI시스템이 정상적으로 작동하지 않을 수 있다.

⑧ 체를 회전시키면 기체의 러더축(Yaw)에 에러를 일으킬 수 있다. LED표시등이 하얀색으로 깜빡이는 것은 이러한 오류값이 중첩되면 기체의 전진방향을 지능형비행모드(IOC모드)에서 정상적으로 수행할 수 없을 수도 있다. 안전하고 확실한 비행을 위해서는 LED표시등이 꺼질 때까지 기체의 제자리 회전을 멈추거나 느리게 하면 기체는 정상으로 돌아오게 된다.

6) Gimbal

GIMBAL   DEFAULT

1.Gimbal Switch

○ On   ○ OFF   Output Frequency 50hz ⌄

2. Servo Travel Limit

	MAX	Center	MIN
Pitch **F2**	0	0	0
Roll **F1**	0	0	0

3.Automatic Control Gain

	Gain	Direction
Pitch **F2**	0.00	REV
Roll **F1**	0.00	REV

4. Manual Control Speed

Pitch **X3** 0

Gimbal

Step 4 : Manual Control Speed (서보 동작 속도)

■ 범위값 : 0 ~ 100

조종기의 다이얼 조절 스위치중 하나를 MC의 X3채널과 연결하여 짐벌의 피치를 조절할 수 있다. 이때 조종기의 다이얼을 스위치를 돌렸을 때 짐벌의 각도가 변하는 속도를 설정할 수 있다. 만약 X3채널을 Go-Home 스위치나 다른 스위치로 할당하여 사용한다면 짐벌의 앞뒤 각도 조절을 위한 채널로 사용할 수 없게 된다. 하지만 X3채널을 연결하지 않아도 우콩엠은 자동으로 짐벌의 피치나 롤 각도를 수평으로 유지한다.

> ※ **주의사항**
> 벌의 각도 조절을 위한 다이얼스위치와 연동하면서 동시에 게인값 조절이나 Go-Home 스위치로 동시에 할당 하시면 안된다.

7) Voltage Monitor

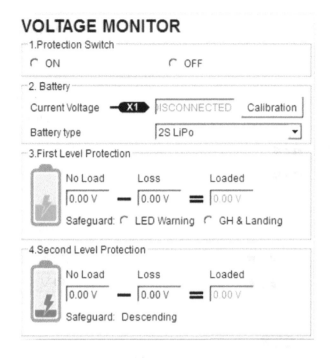

Voltage Monitor

STEP 1 : Protection Switch

저전압으로 인해 일어날 수 있는 위험한 상태나 기체의 파손을 방지하기 위해 우콩엠은 2단계의 저전압 보호 시스템을 세팅할 수 있다. 안전한 비행을 위해서 반드시 저전압 경고 시스템을 설정하기를 권고한다.

※ **주의사항**

① 스템을 사용하기 위해서는 PMU와 4핀 커넥터와 3핀 서보커넥터가 MC의 can interface와 X1채널에 정확히 연결되어 있어야 한다.

② 압 경보 시스템을 위해서 LED 경고가 기본으로 설정되어 있다. 1차 경고에는 노란색 불이 연속적으로 깜빡이게 되며 2차 경고에서는 빨간색 불이 연속적으로 깜빡이게 된다.

③ 경고 LED 불은 비행모드가 매뉴얼모드일 경우만 불이 들어온다(컨트롤 모드가 아닌 비행모드다). 다른 비행모드에서는 LED가 표시되지 않을 수 있다.

④ 스템을 믿고 비행하는 것은 대단히 위험하고 어리석은 일이다. 1차든 2차경고든 저전압 경고가 들어오면 가능한 빨리 기체를 안전한 곳에 착륙시키는 것이 안전한 비행과 기체의 파손을 막을 수 있다.

STEP 2 : Battery

MC에 전원이 공급되어 있고 MC가 PC와 연결되어 있다면 현재 배터리 전압이 여기에 표시된다.

만약 배터리 체커기로 측정한 배터리 전압과 현재전압에 표시되는 전압이 틀리다면 오차를 수정하기 위해 켈리브레이션 과정을 거쳐야 한다. 켈리브레이션

버튼을 클릭하고 배터리 체커기로 측정된 배터리 전압을 직접 적은 다음 OK버튼을 클릭하시면 자동으로 오차값이 적용된 배터리 전압이 설정된다.

또한 동시에 배터리 타입을 사용하는 배터리에 맞게 선택하여 주면 정확한 저전압 경고 시스템을 이용할 수 있다.

STEP 3 : First Level Protection (1차 경고전압)

* No Load (No Load Voltage) : 1차 경고를 하기위한 전압을 직접 적어 넣는다.

* Loss (Line Loss Voltage) : 비행 도중에 부하로 인해 배터리가 전압강하 되는 값을 직접 적어 넣는다.

* Loaded (Loaded Voltage) : 자동으로 계산되므로 적어 넣을 필요는 없다. 비행도중에 실제로 측정되는 배터리의 전압이다. 실제 1차경고가 발동되는 전압은 여기에 나타난 배터리의 전압이 MC에 측정될 때다.

1차 경고 전압과 2차 경고 전압의 상관관계
* First level > Second Level
* First level = Second Level
* 자동으로 설정됨

Loss 값을 측정하는 방법

- 배터리로 기체를 비행한다.
- 배터리를 사용해야 한다. 세팅프로그램에 저전압 경고 시스템을 활성화하고 현재 배터리 전압을 확인한다. 그런 다음 현재 배터리 전압보다 1V낮게 혹은 배터리의 사용할 수 있는 전압보다 높게 1차 경고 No Load 칸에 배터리 전압을 설정한다. Loss는 0V로 설정한다.
- 경고불이 들어올 때까지 비행을 한다. 만약 노란색 불이 연속적으로 깜빡인다면 즉시 기체를 착륙시킨다.
- 연결한 후 세팅프로그램을 열어서 측정되는 현재 전압을 확인한다. 이때 1차 경고 No Load 란에 설정한 전압과 현재 PC에서 측정되는 전압과의 차이가 바로 Loss 값이다.

※ 주의사항

① 값이 셀 당 0.3V 이상으로 측정된다면 배터리의 내부저항이 너무 높거나 배터리가 너무 오래된 것으로 배터리를 교체한다.
② oss 전압은 배터리가 달라질 때마다 값 또한 달라진다. 안전한 비행을 위해서는 모든 배터리의 Loss 값을 측정한 다음 가장 차이가 많이 나는 배터리의 Loss 값으로 설정한다.
③ 달라지거나 기체가 변경되면 Loss 값은 새로 측정해야한다.
④ 횟수가 증가할 수 록 Loss 값은 점점 커집니다. 30번 이상 배터리를 사용했다면 새로 Loss 값을 측정하여야 한다.
⑤ 압 경고 설정값을 셀 당 3.1V 보다 낮게 설정해야 한다. 그렇지 않으면 우콩엠의 저전압 경고 시스템이 정상적으로 작동하지 않을 수 있다.

STEP 4 : Seconf Level Protection (2차 저전압 경고)

① 위에 설명된 방법으로 정확한 2차 경고 값을 설정한다.

② 2차 경고가 발동되면 LED 경고등이 즉시 들어오고, 자동으로 스로틀 레버의 Center Point가 스로틀 채널의 최고값에 90%의 위치로 이동하게 된다. 따라서 스틱을 중앙에 놓아도 마치 스로틀 레버를 밑으로 내린 것처럼 기체는 하강한다.

③ 스로틀 레버를 90%의 위치까지 올리면 기체는 천천히 하강하며 피치나 롤 그리고 러더 축의 조작이 정상적으로 가능해지므로 가능한 빨리 기체를 착륙 시킨다.

※ 주의사항

경고로 인해 Go-Home 비행을 하는 도중에 2차 경고가 활성화 되면 기체는 즉시 착륙을 시도한다. 만약 컨트롤 모드 스위치가 Manual 모드나 ATi 모드로 전환되면 즉시 기체는 조종기로 제어할 수 있게 되는데 이때 스로틀 레버를 천천히 90%의 위치로 올리게 되면 기체를 조종기로 제어할 수 있게 된다. 되도록 가능한 기체를 빨리 착륙 시킨다.

(4) Flight 비행전 준비

1) Digital Compass Calibration (지자계 보정)

■ 왜 지자계 보정을 해주어야 하는가?

WKM의 지자계(전자나침판)은 GPS 센서의 모듈에 같이 장착이 되어있다. 이 지자계는 자력과 전기적 노이즈에 민감하게 반응하므로 되도록 노이즈를 생성하는 물체 혹은 지자계에 영향을 미치는 자기력을 가진 물체와 최소 7Cm 이상의 유격을 두고 설치를 하는 것이 좋다.

지자계 모듈이 하는 역할은 비행모드에서 기체의 Forward Direction과 Nose Direction을 정확히 인식하여 조종자의 의도대로 기체가 비행할 수 있도록 기체의 방향을 결정하게 된다. 하지만 지자계가 가르치는 북쪽과 실제 지구의 북쪽은 오차범위가 존재하고 세계 각 지역에 따라 오차는 달라지게 된다. 또한 주변에 자기장에 영향을 미치는 물체가 있거나 고압전선 그리고 대규모 질량을 가진 산이나 지형에 따라서 미세한 오차를 또한 가지게 된다. 이러한 오차를 자동적으로 보정해주기 위한 세팅이 바로 지자계 보정이다.

■ 언제 해야 하는가?

• 기체에 장착한 후 비행하기 전에

• 세팅이 아래와 같이 달라졌을 경우

  ⓐ GPS 모듈의 위치가 달라졌을 경우

  ⓑ 기체에 장착된 전자 부품들의 위치가 변경되었을 경우 (예: 배터리, 서보, MC 등)

  ⓒ 멀티콥터의 모양이 변경되었을 경우

  ⓓ GPS 비행 중 신호가 양호한데도 불구하고 기체가 한쪽 방향으로 기체가 계속 흐르는 경우.

• 기체의 비행방향이 일직선이 아닌 경우

• 자리에서 회전 하였을 경우 LED 표시등이 비정상적으로 불이 들어오는 경우(가끔 불이 들어오는 것은 정상이다.)

※ 주의사항

① 영향이 있는 곳이나 땅속에 철광석이나 다량의 철 성분이 존재하는 곳에서는 지자계 보정을 시행하지 않는다. 특히 자동차 주차장 같은 경우 지자계 보정이 정상적으로 이루어지지 않을 수 있다.

② 장시간 휴대전화나 다른 자성의 물체와 기체를 가까이 두지 않는다. 지자계가 오류를 일으킬 수 있다.

③ 실시할 때 기체를 정확히 수평 혹은 수직으로 회전하는 것을 권고하지만 45도 이내의 기울기 오차는 지자계 보정에 많은 영향을 미치지는 않는다.

④ 북극이나 남극에서는 설정 할 수 없다.

■ Compass Calibration 지자계 보정 방법

• 메뉴로 들어가는 방법 : 조종기의 컨트롤 모드 스위치를 OFF에서 GPS 모드까지 빠르게 6번에서 10번 정도 왕복으로 움직인다. 그러면 LED 표시등이 파랗게 불이 들어오고 이는 지자계 보정 메뉴로 들어간 것이다.

• 수평으로 시계방향으로 천천히 360도 회전한다. 파란불이 녹색불로 바뀌면 수평보정이 끝난 것이다.

• 드론을 들어서 지면과 수직으로 만든 후 다시 시계 방향으로 돌린다. LED에 하얀색 불이 3초간 들어오면 수직축 보정이 완료된 것이다.

• 불이 깜빡인다면 지자계 보정은 실패한 것이다. 다시 처음 단계부터 지자계 보정을 실행하면 된다.

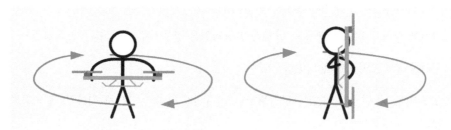

※ 주의사항

보정이 계속 실패를 한다면 주위에 자력에 영향을 미칠만한 요소가 존재하는 것으로 장소를 옮겨서 다시 보정작업을 실행한다.

2) 비행안내

■ 비행전 준비 사항

① 조종기의 각종 스위치의 위치를 확인한다.

② 조종기의 스위치 중 사용하는 스위치는 3가지 +1 이다. +1 은 짐벌을 컨트롤 하기 위한 레버다.

③ GPS 모드를 변환하기 위한 컨트롤 모드 스위치, 코스락, 홈락 전환을 위한 비행모드 스위치 그리고 백 홈 기능을 담당하는 스위치다.

■ 조종기를 켜는 방법

① 조종기를 켜기 전 모든 스위치는 위쪽 혹은 뒤쪽으로 위치해 있어야 한다.

  (이는 모든 스위치를 OFF 상태로 시작해야 되기 때문이다.)

② 조종기의 스위치를 ON 하고 영상모니터에서 나오는 전원도 조종기 아래쪽에 장착된 배터리에 연결한다.

■ 기체의 비행

① 기체에 배터리를 단단히 장착하고 배터리를 연결한다.

② 배터리가 연결되면 영상 송신기와 짐벌 등 모든 기자재에 동시에 전원이 연결된다.

③ 기체를 움직이지 말고 30초 이상 기다려야 한다.

④ 기체의 뒤쪽에 장착된 LED가 위성 수신 상태를 나타내기 위해 빨간색으로 처음에는 3번씩 그리고 시간이 지나갈수록 2번에서 1번으로 줄어들다가 완전히 꺼질 때까지 대기해야 한다. GPS 신호가 6개 이상 잡힌 상태가 8초 이상 지속되어야 정확한 홈포지션이 MC에 저장된다.

⑤ 빨간색 LED는 위성신호를 몇 개를 받았는가를 나타내는 표시다.

  • 3번 : 5개 미만 / 2번 : 6개 / 1번 : 7개   / 0번 : 8개

  • GPS 신호를 8개 이상 수신하게 되면 기체는 비행시 GPS 모드에서 반경 1미터 안에 고정비행이 자동으로 되며, GPS 신호가 줄어들수록 고정반경은 점점 커진다. 예를 들어 비행 중에 GPS 신호를 1개를 놓쳐 빨간색이 1번 깜빡이면서 7개의 GPS 신호로 줄어들면 GPS 모드 비행시 자동 정지 비행의 반경은 약 4-5미터로 늘어나게 된다.

⑥ GPS 신호를 모두 받는데 걸리는 시간은 약 1분에서 15분 가까이 걸릴 수도 있다. 비행 장소, 날씨에 따라 항상 달라진다. 다만 최초 비행시 한번 GPS 신호를 수신하게 되면 다음 배터리로 교체 할 때는 30초 이내에 모든 GPS 신호를 수신할 수 있다.

⑦ 기체에 배터리를 연결하고 30초의 시간이 흐르면 녹색 LED가 10번을 연속적으로 깜빡이게 된다. 이것은 GPS 신호와는 별개의 신호로 기체의 Course Lock모드의 비행시 기체의 Froward Direction이 MC에 성공적으로 저장되었음을 알리는 표시다. GPS 신호가 다 잡히더라도 녹색LED 신호가 들어올 때까지는 비행하면 안된다.

⑧ 녹색 LED가 10번을 연속적으로 깜빡이고 빨간색LED가 완전히 OFF 되면 비행준비가 완료된 것이다.

⑨ 조종기의 GPS 스위치를 2번의 위치(끝까지 올린다)로 위치시키면 보라색 LED가 한번씩 점멸하게 된다.

⑩ 스로틀레버와 엘리베이터 레버를 사선으로 동시에 당기면 모터가 회전을 하기 시작한다.

⑪ 스로틀 레버를 3초 이내에 약 30% 정도까지 올려야 모터가 꺼지지 않는다.

⑫ 스로틀 레버를 중간 바로 아래까지 올려도 기체는 상승하지 않는다.

⑬ 스로틀 레버를 70%까지 빠르게 올린 다음 기체가 상승을 하면 다시 조종기의 스로틀 레버를 중간으로 위치시킨다. 그러면 기체는 공중에 뜬 체로 반경 1M안에 머무르게 된다.

⑭ 천천히 비행을 해야 한다.

⑮ 비행 중 두 개의 레버를 중앙에 위치시키면 기체는 항상 제자리에 머무르게 된다.

■ 기체의 비행방향 보정

① 기체의 엘리베이터를 밀었을 때 기체의 전진방향이 직진이 아니라 한쪽으로 틀어진다면 아래 그림과 같이 GPS의 화살표 방향을 기체가 틀어지는 방향의 반대 쪽으로 회전시켜 장착하시면 기체의 직진 방향을 보정할 수 있다.

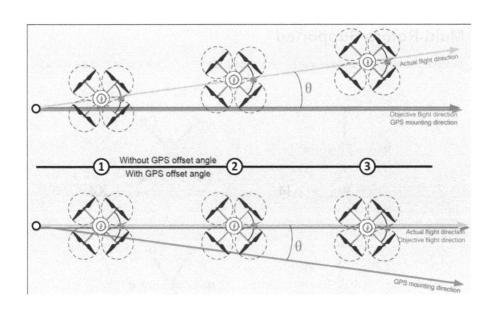

② 기체의 전진 방향과 후진 방향은 WKM 지자계의 특성 상 정확히 일치 하지 않을 수 있다. 따라서 전진 방향을 일직선으로 보정하면 후진방향이 약간 틀어지는 결과를 발생 시킬 수 있다. 보통 안정적인 기체의 회수를 위해 후진을 기준으로 세팅하는 것이 좋지만 이는 사용자의 특성에 따라 달라질 수 있다.

3) 향상된 기능

우콩엠의 향상된 기능 중 주목할 만한 기능에 헥사콥터(모터의 수가 6개인 경우)인 경우, 하나의 모터가 문제를 일으키거나 프로펠러가 부러져 제 기능을 수행하지 않는 경우, 기체가 제어 불능 상태에 빠지는 것을 방지하기 위해 멀티로터는 다음과 같은 안전장치를 가지고 있다.

먼저 컨트롤 모드는 Atti 모드 혹은 GPS 모드여야 하며 비행모드는 코스락 모드이거나 홈락 모드여야 한다. 만약 기체가 위와 같은 상황에 놓이게 되면 우콩엠은 안전한 착륙을 위해서 스스로 기체를 회전시키기 시작한다. 이렇게 기체가 회전을 하면 기체가 한 쪽으로 기울어지는 것을 방지할 수 있는데 이때 기체를 조종기로 제어하면 원하는 데로 100%는 아니지만 비슷하게 움직일 수 있다. 최대한 빨리 기체를 안전한 곳에 착륙 시키시면 된다.

Multi-Rotors Supported

To coaxial propellers: Blue propeller is at Top; Red propeller is at Bottom. Otherwise all propellers are at top.

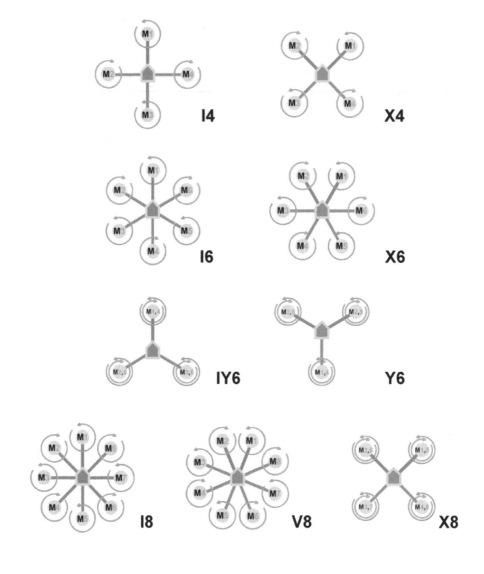

Recommended Setting

No.	Aircraft	Configuration Information					Basic Gain				Attitude Gain	
		Motor	ESC	Propeller	Battery	Weight	Pitch	Roll	Yaw	Height	Pitch	Roll
1	F450	DJI-2212	DJI-30A	DJI-8 Inch	3S-2200	1070 g	155	155	125	150	165	165
2	F550	DJI-2212	DJI-30A	DJI-8 Inch	4S-3300	1640 g	170	170	150	140	170	170
3	S800	DJI-4114	DJI-40A	DJI-15 Inch Carbon	6S-15000	4770 g	200	200	195	175	190	190
4	S800&Z15 &Camera	DJI-4114	DJI-40A	DJI-15 Inch Carbon	6S-10000	6100 g	240	240	200	200	220	220

Light Description

비행 상태 표시등

	Manual Mode	Atti. Mode	GPS Atti. Mode	IOC	Tx Signal Lost
GPS satellites < 5	● ● ●	● ● ● ○	● ● ● ●	● ● ● ○	● ● ● ●
GPS satellites < 6	● ●	● ● ○	● ● ●	● ● ○	● ● ●
GPS satellites < 7	●	● ○	● ●	● ○	● ●
Attitude & GPS good		○	●	○	●
Attitude status fair	○ ○	○ ○ ○	○ ○ ●	○ ○ ○	○ ○ ●
Attitude status bad	○ ○ ○	○ ○ ○ ○	○ ○ ○ ●	○ ○ ○ ○	○ ○ ○ ●
IMU data Lost	○ ○ ○ ○	○ ○ ○ ○	○ ○ ○ ○	○ ○ ○ ○	○ ○ ○ ○

- Sparking indications of ●, ○, ○ are: **Single spark**, all the sticks return to center, multi rotor hovering; **Double spark**, stick(s) not at center, speed command is not zero.)

- ○ Fast blinking: Record forward direction or home point successfully.

지자계 보정 표시

Begin horizontal calibration	⬤⬤⬤⬤ (solid)
Begin vertical calibration	▭ (outline)
Calibration finished	▭ (outline)
Calibration or others error	○○○○○○○○○○○○○○○○○○○○

저전압 경고 표시

First lever protection	○○○○○○○○○○○○○○○○○○○○○○○○
Second lever protection	●●●●●●●●●●●●●●●●●●●●●●●●

MC 표시등

MC is functioning well.	▬▬▬ (solid)
Boot loader mode, MC is waiting for firmware upgrading.	▬▬▬ (solid)
Firmware upgrading is finish. MC is waiting for reboot.	○○○○○○○○○○○○
Error occurs during firmware upgrading, MC reboot is required.	▭ or ○○○○○○

PMU 표시등

PMU connection is correct.	▭ (outline)
Connection between PMU and battery is wrong (polarity error).	▬▬▬ (solid)

Specifications

General

Built-In Functions		
	● Three Modes Autopilot	● S-Bus Receiver Supported
	● PPM Receiver Supported	● Intelligent Orientation Control
	● 2-axle Gimbal Support	● Multi Output Frequency Supported
	● Enhanced Fail Safe	● Low Voltage Protection

Peripheral

Supported Multi-rotor	● Quad-rotor: I4, X4;
	● Hexa-rotor: I6, X6, Y6, IY6;
	● Octo-rotor: X8, I8, V8.
Supported ESC output	400Hz refresh frequency.
Recommended Transmitter	Only PCM or 2.4GHz with minimum 7 channels and failed-safe function available on all channels.
Recommended Battery	2S ~ 6S LiPo
Assistant Software System Requirement	Windows XP SP3 / 7

Electrical & Mechanical

Power Consumption	MAX 5W
	(0.9A@5V, 0.7A@5.8V, 0.5A@7.4V, 0.4A@8V)
Operating Temperature	-5°C to +60°C
Total Weight	<= 118g (overall)
Dimensions	● MC: 51.2mm x 38.0mm x 15.3mm
	● IMU: 41.4mm x 31.1mm x 27.8mm
	● GPS & Compass: 50mm (diameter) x 9mm
	● LED Indicator: 25mm x 25mm x 7mm
	● PMU: 39.5mm×27.5mm×9.7mm

Flight Performance (can be effected by mechanical performance and payloads)

Hovering Accuracy (GPS Mode)	● Vertical: ± 0.5m
	● Horizontal: ± 2m
Maximum Wind Resistance	<8m/s (17.9mph / 28.8km/h)
Max Yaw Angular Velocity	150deg/s
Max Tilt Angle	35°
Ascent / Descent	±6m/s

4. 소형기체용 컨트롤러

소형기체용 컨트롤러는 DJI의 Naja컨트롤러가 그 시초라고 볼 수 있다.

DJI라는 회사의 이미지를 최초로 알렸던 Naja 컨트롤러 시리즈는 저렴한 가격과 뛰어난 성능으로 많은 소형기체의 주 컨트롤러로 사용되었다. Naja 컨트롤러의 발표 후 6여년이 지난 지금 DJI의 대표적인 완성형 소형 촬영 드론은 Naja 컨트롤러의 모듈화를 통해 더욱 안정적인 성능과 다양한 기능을 가지게 된다.

DJI를 대표하는 팬텀 시리즈와 인스파이어 시리즈는 모두 Naja 컨트롤러에서 발전한 모듈 컨트롤러를 탑재하고 있으며 2016년 9월 현재 출시되는 소형기체에는 충돌방지를 위한 초음파 탐지 시스템 그리고 저고도에서의 안정적인 비행을 위한 Vision Plus 시스템을 탑재하게 된다.

(1) DJI GO

소형 기체는 세팅의 편의성을 위하여 스마트폰의 앱을 통하여 제어와 세팅을 할 수 있도록 구성되어 있다. DJI GO 라고 명명된 어플리케이션은 DJI의 모든 드론과 촬영장비를 세팅 및 제어할 수 있으며 구글 스토어 혹은 DJI 홈페이지에서 쉽게 다운받아 설치 할 수 있다.

(2) DJI GO 실행

조종기의 USB 단자와 핸드폰을 연결하고 조종기와 기체의 전원을 ON 시킨 후 DJI GO 어플리케이션을 실행하면 자동으로 장비의 종류를 감지 한 후 좌측과 같은 초기 화면이 실행되게 된다.

(3) 인스파이어용 DJI GO 세팅

1) DJI GO 초기화면 Aircraft Status

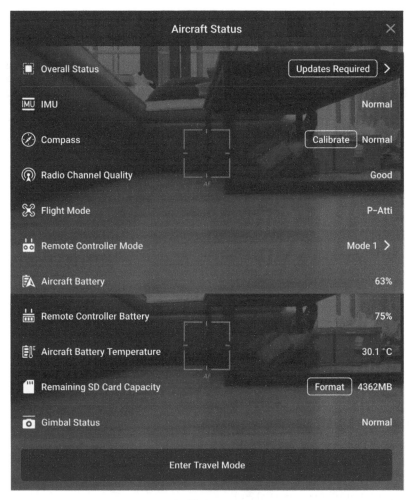

DJI GO 초기화면 Aircraft Status

DJI GO를 정상적으로 실행하면 초기에 기체의 상태를 보여주는 위와 같은 화면을 볼 수 있다. 여기에는 연결된 기체의 각종 상태와 기초 정보를 한 번에 볼 수 있도록 서비스 된다.

■ Overrall Status

기체의 펌웨어 정보를 나타내어 준다. 새로운 펌웨어가 등록 되거나 기체의 펌웨어와 조종기의 펌웨어가 일치하지 않으면 기체가 에러를 나타내며 펌웨어를 업데이트하라는 메시지가 위와 같이 나타난다.

조종기의 펌웨어는 DJI GO 프로그램 안에서 다운받아 설치버튼을 누르면 자동으로 설치된다.

기체의 펌웨어는 DJI 홈페이지에서 해당되는 펌웨어를 다운받은 뒤 Micro SD 카드의 루트에 복사한 다음 기체의 카메라 부분이나 영상메모리가 장착되는 부위에 삽입하면 기체는 자동으로 펌웨어를 인식하고 업데이트를 시작한다. 시간은 기체의 종류에 따라 다르나 10분에서 20분 가까이 소요되기도 한다. 펌웨어 업데이트가 완료되면 조종기와 기체의 전원을 껐다가 다시 켜면 펌웨어 업데이트가 완료 된다.

■ IMU

6축 자이로 센서와 기압계의 이상 유무를 나타낸다.

■ Compass

지자계 상태를 나타낸다. Calibrate 버튼을 누르면 지자계 켈리브레이션을 실행할 수 있다. 켈리브레이션을 하는 방법은 어플리케이션에 나오는 순서를 따라 하면 된다.

■ Radio Channel Quality

조종기와 기체의 송수신 상태를 나타낸다.

■ Flight Mode

현재 설정된 기체의 비행모드를 보여준다.

■ Remote Control Mode

조종기의 조종 모드를 나타낸다.

■ Aircraft Battery

기체의 배터리 잔량을 표시한다.

■ Remote Controller Battery

조종기의 배터리 잔량을 알려준다.

■ Aircraft Battery Temperature

배터리의 현재 온도를 나타낸다. 배터리의 온도가 너무 높거나 낮으면 비행이 불가능 하다.

■ Remaining SD Card Capacity

녹화가 가능한 SD카드의 메모리 잔량을 알려주며 간단하게 포맷도 실행할 수 있다.

■ Gimbal Status

카메라 짐벌의 세팅상태를 알려준다.

2) DJI GO 실행화면

DJI GO의 기체상태를 나타내는 Aircraft Status 화면을 닫으면 비로소 비행을 위한 실행화면
으로 넘어가게 된다.

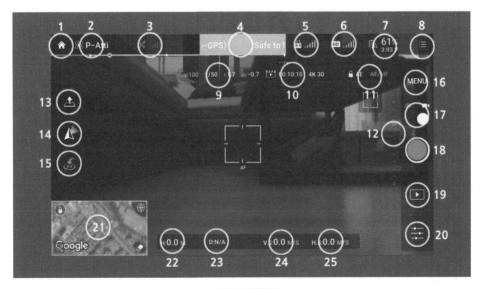

DJI GO 실행화면

■ 1번 : Home

터치하면 DJI GO 실행화면을 빠져 나가게 된다.

■ 2번 : 비행모드

현재 설정된 비행모드를 나타낸다.

■ 3번 : GPS 수신감도

현재 수신되는 GPS 신호의 감도를 보여준다.

■ 4번 : Aircraft Status

기체의 비행가능 상태를 보여주며 터치하면 DJI GO 초기화면 Aircraft Status 세팅 화면으로 넘어간다.

■ 5번 : 송수신 감도

조종기와 기체의 송수신 감도를 보여준다.

■ 6번 : 영상신호 송수신 감도

영상신호의 송수신 감도를 보여준다.

■ 7번 : Aircraft Battery

기체 배터리 잔량을 보여준다.

■ 8번 : 세팅메뉴 버튼

기체와 조종기 카메라의 세팅메뉴로 들어가는 버튼이다.

■ 9번 : 카메라 세팅

카메라의 조리개 셔텨속도 및 감도 등을 보여준다.

■ 10번 : 카메라 화질

장착된 카메라의 화질 및 프레임레이트 등의 설정을 보여준다.

■ 11번 : 카메라 포커스 모드

장착된 카메라의 포커스 모드를 보여준다.

■ 12번 : 카메라 틸트 설정

장착된 카메라의 틸트 각도를 보여준다.

■ 13번 : Take Off 버튼

자동 이륙을 실행시키는 버튼이다.

■ 14번 : 카메라 조종 모드 버튼

카메라를 조종하는 방법을 설정 할 수 있다. Fallow 모드 FPV 모드 Free Mode 등을 설정 할 수 있다.

■ 15번 : Back Home 버튼

기체를 출발한 장소에 자동으로 착륙 시킨다.

■ 16번 : MENU

카메라의 화질 및 파일형식 프레임레이트와 같은 카메라의 저장방법을 세팅할 수 있는 메뉴버튼이다.

■ 17번 : 사진 및 영상 선택버튼

사진을 촬영 할 지 영상을 촬영할 지 선택할 수 있다.

■ 18번 : 녹화버튼

사진을 촬영하거나 영상을 녹화하는 버튼이다.

■ 19번 : 재생버튼

카메라에 저장된 파일을 재생한다.

■ 20번 : 카메라 촬영 설정

카메라의 조리개 및 셔터스피드 포커싱 방법 등을 설정 할 수 있다.

■ 21번 : 구글맵

기체의 위치와 비행경로를 구글맵 위에 보여주는 섹션이다.

■ 22번 : Height

기체의 이륙한 장소로부터 현재 고도를 보여준다.

■ 23번 : Distance

기체가 이륙한 장소로부터 기체가 위치한 곳까지 수평거리를 보여준다.

■ 24번 : 이동속도

기체의 이동속도를 표시한다.

■ 25번 : 상승 하강속도

기체의 상승 및 하강속도를 표시한다.

3) MC Setting (Main Controller Setting)

다음은 기체의 메인컨트롤러(멀티콥터 컨트롤러)의 각종 설정을 지정할 수 있는 화면이다.

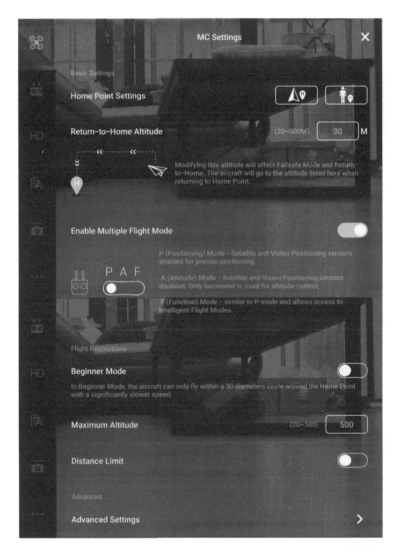

메인 컨트롤러 설정 화면

■ Home Point Setting

기체가 백홈 되었을 때 돌아올 장소를 지정한다. 좌측부터 기체가 출발한 장소 혹은 조종자
가 위치한 장소를 선택할 수 있다.

■ Return-To-Home Altitude

기체가 백홈되었을 때 비행할 고도를 설정한다. 설정된 고도보다 기체가 낮은 경우 지정된 고도로 상승 후 백홈이 실행된다. 지정된 고도보다 높은 경우 기체의 고도를 그대로 유지하며 백홈하게 된다.

■ Enable Multiple Flight Mode

• P : GPS와 비젼센서를 모두 사용하는 비행모드로 조종자의 입력 없이 제자리 비행이 가능하며 안정적인 속도와 고도로 비행이 가능하다.

• A : 기압계와 6축 자이로 센서만을 이용해 비행을 하는 모드로 조종자는 기체의 각도를 직접 제어함으로 써 다양한 응용 비행이 가능한 모드이다.

• F : 기체가 가지고 있는 여러 가지 기능을 이용한 비행이 가능한 모드이다. P모드와 비슷한 비행특성을 가진다.

■ Beginner Mode

비기너 모드를 활성화 시키면 기체는 이륙장소로부터 30미터 이내에서만 비행이 가능하도록 설정이 된다. 30미터의 경계선에 다다르면 기체는 제자리 비행을 하도록 되어 있어 초보자가 안전하게 비행연습을 할 수 있도록 도와준다.

■ Maximum Altitude

기체가 상승 가능한 최고 고도를 설정한다.

■ Distance Limit

활성화 시키면 기체가 이동 가능한 최대 거리를 설정할 수 있다. 비활성화인 경우 기체의 거리제한은 없어진다.

■ Advance Setting

기체의 메인컨트롤러에 대한 더욱 세부적인 세팅을 설정할 수 있다.

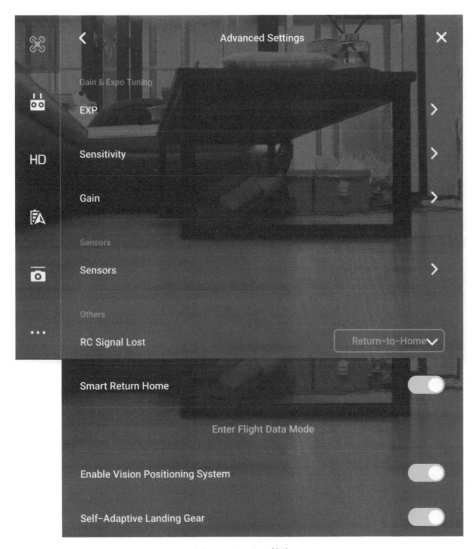

Advance Setting 화면

■ Advance Setting - EXP

조종기의 명령에 반응하는 기체의 EXP 값을 설정할 수 있다. Expotential 값이란 조종자의 입력에 대해서 기체가 움직이는 정도를 그래프로 나타낸 설정값으로써 기체의 반응 속도를 좀 더 빠르고 정밀하게 하거나 혹은 둔감하게 하는 용도로 사용된다.

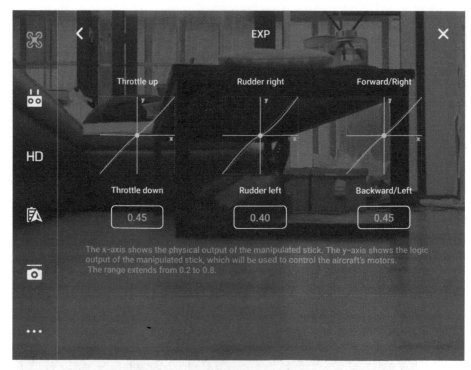

EXP값 세팅 화면

위 그림과 같이 설정할 수 있으며 0.5에 가까울수록 민감해지고, 0에 가까울수록 둔감해 진다. 초보자의 경우 0.35에서 0.4 사이로 세팅하는 것이 좋으며 숙련자인 경우 0.4에서 0.48 정도로 세팅하여 자신의 비행능력에 맞게 사용하는 것이 좋다.

■ Advance Setting - Sensitivity

기체의 민감도를 설정할 수 있는 메뉴이다. 아래 그림과 같이 세 가지를 설정할 수 있는데 Attitude는 기체의 수평자세를 복원하는 속도를 의미한다.

조종기의 스틱을 움직이다가 중립으로 놓았을 때 기체가 얼마만큼 빠른 속도로 수평을 잡으려고 움직이는지 설정할 수 있으며 Brake는 P나 F모드로 비행할 경우 기체가 움직이다가 스틱을 중립으로 놓았을 때 기체가 얼마만큼 강한 힘으로 제자리에 멈추려고 하는지를 설정할 수 있다. 마지막으로 Yaw Endpoint는 기체를 회전시키다가 멈추었을 경우 기체가 얼마만큼 빠른 속도로 멈추는지를 설정할 수 있다.

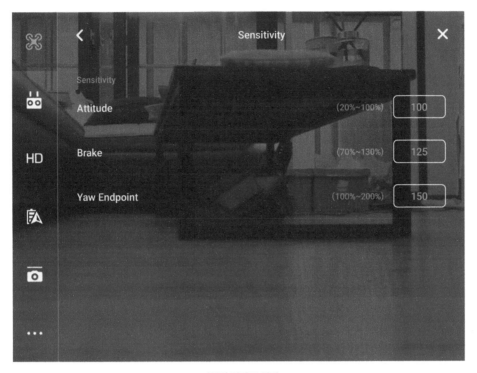

기체의 민감도 설정

■ Advance Setting - Gain

기체의 감도를 설정할 수 있다. Gain은 기체가 센서에서 측정되는 각종 값들을 얼마나 민감하게 인식할 수 있는 정도를 의미한다.

Pitch는 기체의 전후 기울기를, Roll은 기체의 좌우 기울기를. Yaw는 기체의 회전각도를, Vertical은 기체의 고도를 의미한다. 각 값이 높을수록 기체는 각 센서에서 들어오는 정보를 민감하게 해석하여 좀 더 정밀하게 수평 혹은 고도를 유지하려고 하게 된다. 하지만 값이 너무 높을수록 외부의 영향에 민감하게 반응하여 기체가 흔들리거나 고도유지가 불안해질 수도 있다.

기본적인 세팅방법은 기체가 바이브레이션 같은 떨림이 감지될 때까지 기체의 감도를 올린후 기체의 떨림이 나타나면 그 값에서 약 15-20 정도를 낮추어 설정하면 안정된 감도를 설정할 수 있다. 물론 기본값을 사용하여도 기체의 비행에는 전혀 문제가 없다.

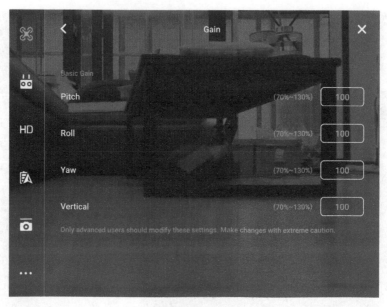

기체의 감도 세팅

- Advance Setting - Sensors

기체에 장착되어 있는 각종 센서의 현재값을 나타낸다.

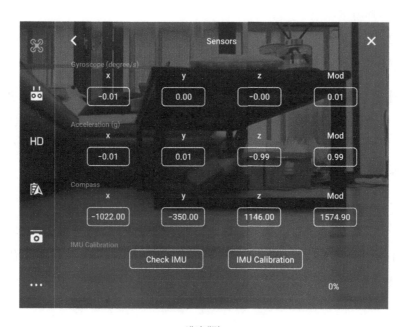

센서세팅

• Gyroscope : 현재 기체의 초당 변하는 3축별 각도를 보여준다(각속도).

• Acceleration : 현제 3축별 측정되는 중력가속도의 상대값을 보여준다(가속도센서).

• Compass : 지자계 센서 3축별로 측정되는 지자계의 현재 각도를 보여준다.

• IMU Calibration : 가속도센서와 각속도센서의 초기 값을 현재 기울기에 맞추어 재설정한다.

■ Advance Setting -RC Signal Lost

조종기의 신호가 끊어졌을 때 기체가 어떤 상태로 움직일 지를 결정한다.

4) Remote Conroller Settings

기체를 조종하는 조종기의 각종 세팅을 설정할 수 있는 메뉴이다.

■ Gimbal Dial Speed

카메라의 짐벌을 움직이는 속도를 설정할 수 있다.

■ Remote Controller Calibration

조종기에 달려있는 두 개의 스틱과 한 개의 짐벌 다이얼의 출력 범위를 재설정하는 메뉴이다. 조종기마다 장착되어 있는 가변저항의 상태와 출력정도가 미세하게 틀리게 되는데 이것을 현재 기체의 입력범위에 일치할 수 있도록 재설정할 수 있다.

■ Enable Coach Mode

초보자가 비행하는 경우 옆에서 숙련자가 긴급한 경우 조종을 도와줄 수 있는 메뉴이다. 초보자의 비행연습을 도와주는 메뉴로 초보자는 마스터 조종기로, 숙련자는 Slave 조종기로 초보자의 비행을 도와줄 수 있다. 따라서 이 메뉴는 조종기가 Slave로 세팅되어 있을 때 활성화 할 수 있다.

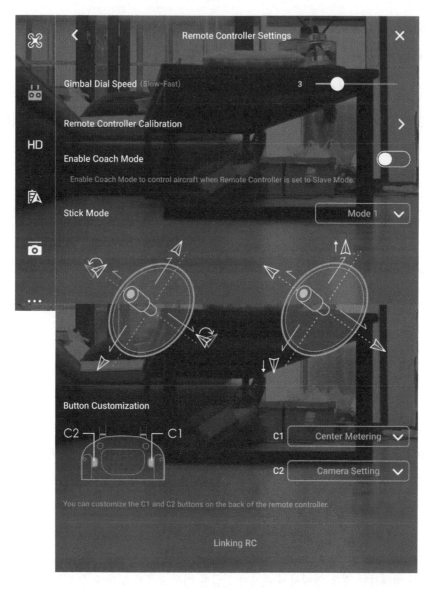

조종기 세팅메뉴

- Stick Mode

조종기의 조종모드를 설정할 수 있다. Mode 1과 Mode 2 및 사용자 설정을 통해 각 스틱의 움직임에 따른 기체의 움직임을 설정할 수 있다. 일반적으로 아시아 계열에서는 Mode1을 미주 유럽 지역에서는 Mode2를 사용한다. Mode1은 처음에는 익숙해지기 어렵지만 나중에 복잡하고 세밀한 비행이 쉽게 이루어지며 Mode2는 초보자가 쉽게 익숙해질 수 있지만 나중에 복잡한 컨트롤을 하기 어렵다는 장단점이 있다.

■ Button Cusomization

조종기 뒤편에 달려있는 두 개의 버튼의 기능 설정을 할 수 있다.

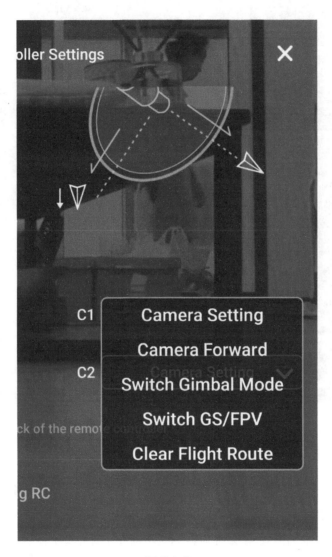

버튼설정 메뉴

5) Image Transmission Settings

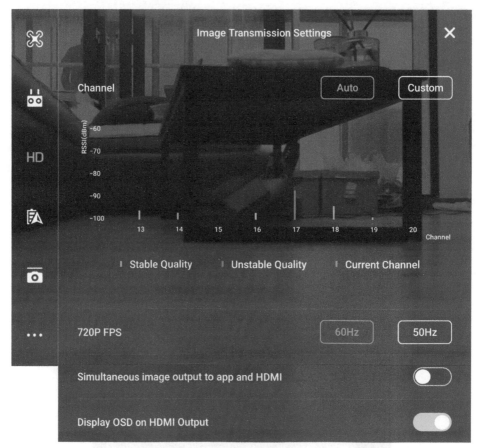

영상 송수신 세팅

- Channel

영상송수신 채널을 세팅할 수 있다. 자동으로 하면 20번까지의 채널 중 송수신 상태가 가장 양호한 채널을 검색하여 설정을 하고 Custom을 선택하면 직접 채널을 결정할 수 있다. 보통 Auto를 사용하게 되는 데 촬영 시 다른 기체와 채널이 겹쳐 송수신 신호가 불량하게 되면 Custom으로 변경하여 직접 양호한 채널을 설정하도록 한다.

- 720p FPS

HD 송수신 시에 촬영되는 영상에 따른 출력 모니터의 Refresh 속도를 설정한다. 보통 29.97 프레임레이트에는 60Hz를 유럽에서 사용되는 Pal방식의 촬영인 경우 50Hz를 설정한다.

■ Simultaneous image output to app and HDMI

미리 저장되어 있는 이미지를 시험 삼아 어플리케이션과 HDMI 출력 쪽으로 전송해본다.

■ Display OSD on HDMI Output

조종기에 설치된 HDMI단자로 영상을 전송받아 모니터링 하는 경우 OSD 정보를 모니터 상에 보여줄지 설정한다(OSD - On Screen Display의 약자로 기체의 여러 정보를 영상위에 Overlay 시켜 보여주는 장치를 의미).

6) Aircraft Battery

기체에 장착되어 있는 배터리의 상태를 보여주고 각종 값을 설정할 수 있는 메뉴이다.

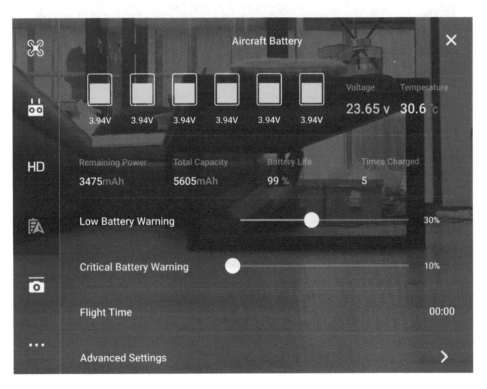

배터리 상태 및 전원 설정 메뉴

■ Low Battery Warning

기체가 LED로 경고하거나 백홈하도록 설정할 수 있는 1차 저전압 경고값을 설정한다.

■ Critical Battery Warning

기체가 무조건 하강하여 착륙하는 2차 저전압 경고값을 설정한다.

■ Flight Time

기체가 이륙 후 비행한 시간을 표시한다.

■ Advance Settings

전원에 관한 부가적인 설정을 할 수 있는 메뉴이다.

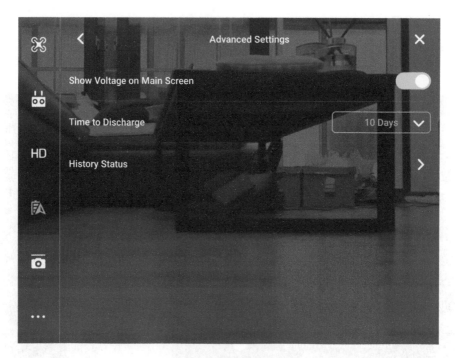

전원메뉴의 부가적인 설정 메뉴

• Advance Setting – Show Voltage on Main Screen
메인화면에 배터리 잔량을 표시 여부를 설정하는 메뉴이다.

• Advance Setting – Time to Discharge
배터리를 충전 후 일반적으로 몇 일 후에 방전을 하거나 비행을 하는지 설정하는 메뉴이다. 드론의 배터리는 리튬폴리머 배터리를 사용하게 되는데 고방전 배터리의 특성상 충전 후 일정 시간동안 사용하지 않으면 배터리의 수명이 짧아지는 단점이 있다. 이를 보완하

기 위해 충전 후 몇 일 동안 사용하지 않아도 배터리의 수명에 문제가 없도록 설정되어 있
는 날짜가 지나면 스스로 방전하기 시작에 약 48시간동안 보존하기에 안정적인 전압으로
방전하는 기능이다.

• Advance Setting – History Status
배터리의 사용 로그를 볼 수 있는 메뉴이다.

7) Gimbal Settings

기체에 달려있는 카메라와 짐벌의 작동에 관한 설정을 할 수 있다.

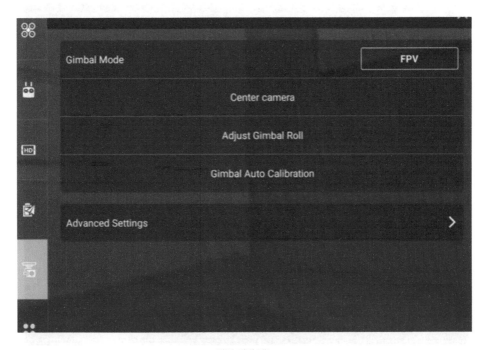

짐벌 세팅 메뉴

■ Gimbal Mode
FPV, FREE 등 짐벌을 작동시키는 방법에 따른 메뉴를 설정할 수 있다.

■ Center camera
카메라를 기체가 바라보는 Nose Direction 방향으로 위치시키는 메뉴이다.

■ Adjust Gimbal Roll

장착되어 있는 카메라의 좌우 기울기를 설정할 수 있는 메뉴이다.

■ Gimbal Auto Calibration

짐벌 모터의 최대 작동 범위를 자동으로 인식할 수 있도록 실행시키는 메뉴이다.

■ Advanced Settings

짐벌에 관한 세부적인 세팅 메뉴이다.

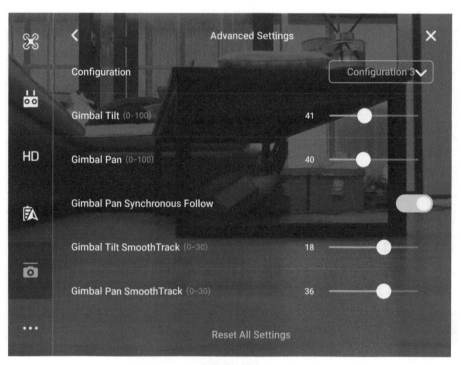

짐벌 정밀 세팅 메뉴

* Advance Setting - Configuration

  비행 중 사용할 수 있는 짐벌의 모드를 결정하는 여러 조합 중 하나를 선택하는 메뉴다.

* Advance Setting - Gimbal Tilt

  짐벌의 틸트 속도를 결정하는 메뉴이다.

* Advance Setting - Gimbal Pan

짐벌의 좌우 회전 속도를 설정하는 메뉴이다.

* Advance Setting – Gimbal Pan Synchronous Follow

기체를 좌우 회전 시켰을 때, 짐벌이 기체의 회전 방향으로 약간 회전하여 촬영되는 이미지가 부드럽도록 설정 할 수 있는 메뉴이다.

* Advance Setting – Gimbal Tilt SmoothTrack

짐벌을 틸트 방향으로 갑자기 움직이거나 멈추려 할 때 부드럽게 움직임이 이루어지도록 설정하는 메뉴 값이 높을수록 반응 속도는 느려지고 짐벌의 동작은 부드러워진다.

* Advance Setting – Gimbal Pan SmoothTrack

짐벌을 좌우 방향으로 갑자기 움직이거나 멈추려 할 때 부드럽게 움직임이 이루어지도록 설정하는 메뉴 값이 높을수록 반응 속도는 느려지고 짐벌의 동작은 부드러워진다.

8) General Settings

비행과 기체 혹은 조종기에 관한 일반적인 설정을 할 수 있는 메뉴로 구성되어 있다.

■ Units of Measurement

기체에 표시되는 속도와 거리는 Mph 혹은 Meter 단위로 표시할 지 설정하는 메뉴이다.

■ Choose Livestream Platform

비행하면서 촬영되는 영상을 실시간으로 공유하기 위한 웹서비스를 선택하는 메뉴이다. DJI GO의 라이브스트리밍은 유튜브와 페이스북 그리고 웨이보에서 가능하다.

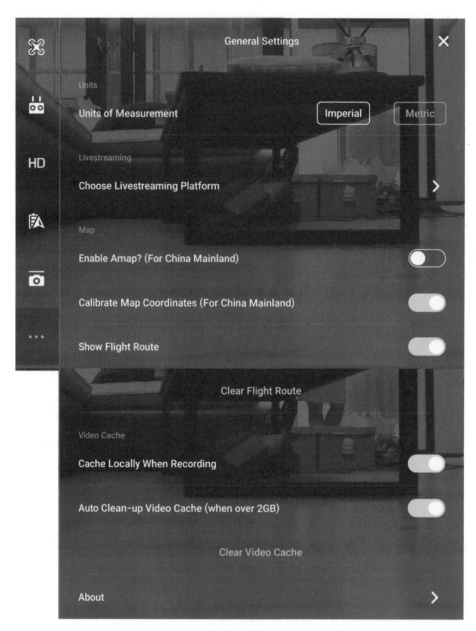

일반 설정 메뉴

- Show Flight Route

비행경로를 구글맵 위에 표시할 수 있다.

■ Enable Amap

중국 GIS 시스템인 Amap을 활성화 한다.

■ Calibrate Map Coordinates

중국 지도 서비스의 위치 값을 실제위치와 일치하도록 보정한다.

■ About

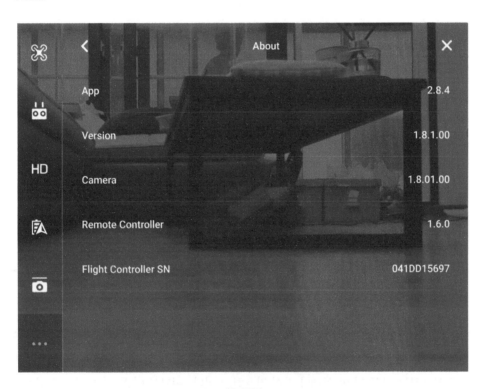

환경설정

위 그림과 같이 어플리케이션 및 각종 펌웨어의 버전을 확인할 수 있다.

CHAPTER 5

드론
실전 비행

1. 항공역학기초이론

(1) 베르누이의 정리

유체(액체 또는 기체)의 압력은 유체의 속도가 증가하는 곳에서는 압력이 감소한다.

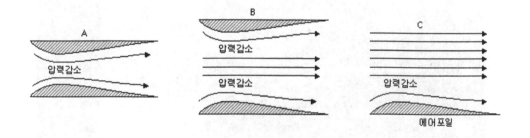

이를 좀 더 자세히 설명을 하면, 대기도 물과 같은 유체이기 때문에 언제나 연속적으로 흐르는 성질(연속의 법칙)을 가지고 있고 또 4방 모든 방향으로 작용하는 힘 '정압'과 흐르는 방향으로 작용하는 힘 '동압'이 언제나 같이 작용하고 있다. 여기서 이 두 가지 압력을 합한 값은 그 흐름속도가 변화하더라도 언제나 같다라는 원리로 이해 할 수 있겠다.

(2) 항공기에 작용하는 4가지 힘

1) 양력 : Lift

날개가 공기의 흐름을 받으면 흐름은 날개의 앞전에서 상하로 갈라져서 날개 윗면의 유속은 에어 포일의 최대 두께 지점(공력중심선)까지 속도가 증가하여 공력 중심선에서 최대 유속을 나타내며, 날개 밑면에서는 날개 뒷전으로 갈수록 밑면의 곡률이 적어지게 되어 있으므로 유속은 날개 윗면의 유속보다 상대적으로 느려진다. 날개를 통과한 상·하의 두 가지 흐름은 날개 후면에서 서로 만나서 원래의 흐름속도(비행기의 진행속도)로 되돌아간다.

따라서 날개 윗면의 압력은 날개 밑면에 비해서 낮으므로 이 압력차에 의하여 날개의 윗 방향으로 '공기력'이 발생한다. 이 공기력이 공기의 흐르는 방향(장대 기류)에 대하여 수직 성분을 '양력(lift)'이라고 하고, 수평 성분을 '항력(drag)'이라고 한다. 그리고 이 공기의 흐름방향과 날개의 중심선이 이루는 각도를 받음각 또는 영각(Angle of attack) 이라고 한다.

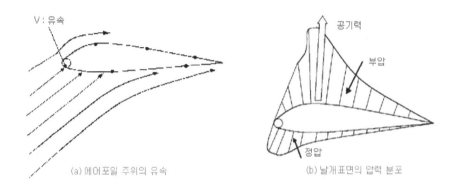

(a) 에어포일 주위의 유속   (b) 날개표면의 압력 분포

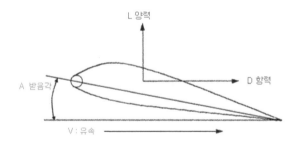

2) 중력(Weight, Gravitation)

양력과 반대되는 힘으로 비행기를 지구의 중심방향으로 끌어당기는 힘을 말한다.

3) 항력(Drag)

항력은 항공기의 추진력에 반대로 작용하는 힘으로 항력에는 유해 항력(parasite drag)과 유도 항력 (induced drag)이 있다.

4) 유해 항력(parasite drag) 또는 기생항력

유해항력은 항공기의 양력 발생 부분을 제외한 항공기 외부 형태에 의한 공기의 항력이다. 예를 들면 동체의 안테나, 착륙 장치, 지지대, 등 항공기의 외부 형태에 따라 크기가 달라진다. 때문에 항공기의 외부 형태는 공기의 저항을 최소화 할 수 있도록 고안된다. 유해 항력은 속도의 제곱에 비례하여 증가하기 때문에 속도가 2배가 되면 유해항력은 4배가 된다.

5) 유도 항력(induced drag)

유도 항력은 유해 항력과 달리 풍판에서 발생되는 양력 발생에 따른 부가물로 발생한다. 항공기 속도가 증가함에 따라 영각이 작아지고 영각이 작아짐에 따라 유도 항력은 작아진다. 반대로 항공기 속도가 감소하면 항공기 무게를 지탱하기 위한 양력이 증가하여야 하며 이에 따라 보다 큰 영각이 요구되고 유도 항력은 증가한다.

또한 날개 길이가 유한한 3차원 날개로서 양력에 따라 유도되는 항력이다. 날개에서 양력이 발생되는 것은 윗면은 부압이, 아랫면은 정압이 되기 때문인데, 날개 끝에서는 압력이 높은 밑면의 공기가 압력이 낮은 윗면으로 유입되면서 날개 끝 소용돌이(wing tip vortex-와류)로 된다(아래 그림 참고).

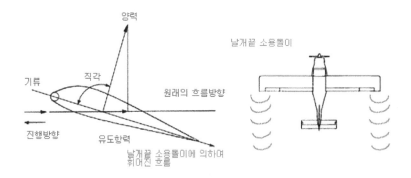

6) 추력(Trust)

항력에 반대되는 힘으로 비행기를 전진 시키려는 힘을 말한다. 추력에는 필수적으로 프로펠러 회전을 위한 토크에 따른 반토크에 대한 이해가 필요하며 반토크와 나선후류에 의한 기체의 좌편요 현상에 대한 보정값을 가지고 있어야 한다.

(3) 영각과 양력의 관계

앞에서 말한 바와 같이 상대기류와 주 날개의 익현선 사이의 각을 영각 혹은 받음각이라 한다. 영각이 적은 상태에서는 주익 하면에 부딪히는 공기의 충격이나 압력(대기압보다 높은)의 영향은 거의 무시할 수 있으므로 양력의 대부분은 주익 상면의 압력 감소에 의해 발생한다. 영각이 증가함에 따라 주익 하면의 공기의 충격이나 정(正)압이 증가한다. 또 주익 상면에서도 공기가 주익의 커브를 따라 흐르고 있는 한 익형의 유효 만곡도가 증가하여 익상면의 기류는 보다 긴 거리를 흘러야 하므로 상면의 압력은 감소돼 간다. 이것은 베르누이 정의에 의해 보다 긴 거리를 흐르기 위해서는 보다 빨리 흘러야 하므로 보다 큰 압력감소 현상이 발생하기 때문이다. 주익 하면의 압력 증가와 주익 상면의 압력 감소와의 두 가지 이유로 주익의 상면과 하면에서 큰 압력 차이가 발생한다. 이와 같은 큰 압력 차이에 의해 커다란 위로 향하려는 힘 즉 양력이 발생하는 것이다. 동시에 이것은 보다 큰 항력을 발생시킨다. 영각이 약 18도에서 20도까지 증가하면 대부분의 익형의 익상 면에서는 공기가 유연하게 흐를 수 없게 된다. 이것은 흐름의 방향에 과도한 변화를 필요로 하기 때문이다. 기류는 주익 상면의 캠버(camber; 위로 튀어 오른 부분) 최대 위치 근처에서 이탈하여 곧바로 후방으로 흐른다. 그리하여 기류가 날개표면에 따라 흐르려고 하면 소용돌이나 기포(氣泡)가 발생된다. 아래 그림과 같은 기류의 기포가 발생하기 시작하는 특정의 영각을 실속각(失速角)이라고 한다.

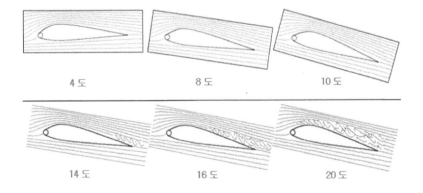

4도　　　　　　8도　　　　　　10도

14도　　　　　　16도　　　　　　20도

2. 드론 촬영을 위한 실전 비행 연습

(1) 비행준비

조종기를 먼저 켜고 모니터와 조종기를 연결한 후 기체의 전원을 켜면 송수신기가 연결되면서 모니터에 카메라가 비추는 화면이 들어오게 된다. 비행상태를 나타내는 Aircraft Status에 safe 메시지가 뜨고 홈포지션이 레코딩 됐다는 메시지가 들리면 비행준비는 완료된다.

(2) 모터 스타트

아래 그림과 같이 스틱을 4가지 중 한 가지 방법으로 동시에 움직이면 모터가 스타트 된다. 똑같이 다시 한 번 움직이게 되면 모터는 꺼지게 된다.

모터 On / Off

> **※ 주의사항**
> 스로틀 레버를 최 하단으로 내린 후 3초간 움직이지 않으면 모터는 자동으로 멈추게 된다. 안전을 위해서 모터를 OFF할 때에는 스로틀 레버만 아래로 내려서 모터가 자동으로 꺼지도록 하는 습관을 기른다.

(3) 단계별 비행연습

본 연습의 목표는 원활한 촬영을 위해 정밀하고 정확한 비행이 될 수 있도록 훈련하는 데에 있다. 비행이 정밀해질수록 좋은 영상을 얻기 위한 비행횟수는 줄어들 수 있고 안전한 비행을 할 수 있게 된다.

1) 제 1단계

• 기간 : 1주일 혹은 완전히 익숙해 질 때까지

• 연습고도 : 1미터

• 비행속도 : 사람이 걸어가는 속도보다 느리게

• 연습 목표 : 천천히 비행하는 기체는 좌우로 방향이 틀어질 수 밖 에 없으며 고도도 불안정 하게 된다. 이것을 민감하게 조종하여 고도와 속도를 유지한 체, 전 후 비행을 반복하면 조종기의 움직임에 따라 기체가 반응하는 속도를 느끼게 되며 조종자의 반응 속도 또한 점점 빨라지게 된다. 아무리 좁은 곳이라도 직진 비행에 자신이 있으면 기체의 조종에 여유를 가질 수 있다. 또한 촬영 결과물 또한 흔들림이 없는 최상의 결과물을 얻을 수 있게 된다.

• 연습방법 : 기체를 상승시켜 1미터 고도를 유지한 후 천천히 정면으로 직진 비행하도록 한다. 15미터쯤 전진하면 다시 원래위치로 천천히 후진시키는 것을 반복한다.

• 주의사항 : 비행속도가 빠를수록 연습효과는 사라지게 된다. 천천히 고도유지와 직진에 집중할수록 연습효과는 좋아진다.

2) 제 2단계

• 기간 : 1주일 혹은 완전히 익숙해 질 때까지

• 연습고도 : 1미터

• 비행속도 : 사람이 걸어가는 속도보다 느리게

• 연습 목표 : 1단계 비행과 마찬가지로 측면으로 움직이는 기체의 반응속도에 민감해 지도록 한다. 에일러론 스틱을 움직여서 좌우로 정밀하게 비행하면서 기체의 엘리베이터 스틱과 에일러론 스틱의 움직임에 기민하게 반응하는 기체를 몸으로 느낄 수 있도록 한다.

• 연습방법 : 기체를 상승시켜 1미터 고도를 유지한 후 천천히 좌우 방향으로 직선 비행하도록 한다. 15미터쯤 왕복하면서 기체의 고도가 유지되고 직선이 유지되도록 반복 연습한다.

• 주의사항 : 비행속도가 빠를수록 연습효과는 사라지게 된다. 천천히 고도유지와 직선에 집중할수록 연습효과는 좋아진다.

3) 제 3단계

• 기간 : 1주일 혹은 완전히 익숙해 질 때까지

• 연습고도 : 1미터 ~ 10미터

• 비행속도 : 사람이 걸어가는 속도보다 느리게

• 연습 목표 : 원하는 위치의 고도까지 직선을 이루면서 비행을 하려면 기체의 움직임에도 집
중하여야 하지만 기체가 비행하는 경로를 동시에 볼 수 있어야만 한다. 기체와 비행경로
를 동시에 파악하며 비행할 수 있도록 하는 것이 목표다.

• 연습방법 : 기체를 사선으로 상승시켜 10미터 고도를 유진한 후 천천히 원래 위치로 돌아
오도록 한다. 주변의 나무나 전봇대 혹은 지형지물 중 10미터 이내의 높은 지형지물의 꼭
대기를 목표로 정확히 직선을 이루면서 비행이 되도록 연습한다. 그리고 돌아올 때에는
반드시 비행이 멈추는 순간이 출발위치가 될 수 있도록 속도와 직선 라인을 눈여겨보며
비행연습 하도록 한다.

• 주의사항 : 모든 비행은 직선을 유지해야 한다. 굴곡이 지거나 기체를 되돌릴 때에 출발위
치가 아닌 곳으로 기체가 도착하지 않도록 비행경로를 같이 바라보면서 연습하는 것이 중
요하다.

4) 제 4단계

• 기간 : 1주일 혹은 완전히 익숙해 질 때까지

• 연습고도 : 1미터

• 비행속도 : 사람이 걸어가는 속도와 같게

• 연습 목표 : 기체를 보지 않고도 감각만으로 기체를 회전 시키거나 움직일 수 있는 조종의
숙련도를 키운다.

• 연습방법 : 기체를 조종자의 좌측 혹은 우측 1미터 정도의 거리에 위치시킨 후 걸어가면서
기체를 조종하도록 한다. 항상 기체는 조종자의 옆에 정확히 위치하도록 하며 조종자가
회전을 하면 조종자가 바라보는 방향으로 기체의 Nose Direction 도 같이 바라볼 수 있도
록 한다.

- 주의사항 : 반드시 보행자가 없는 안전한 장소에서 연습하도록 하며 기체가 조종자보다 뒤
  처지거나 앞서나가지 않도록 한다. 마치 조종자의 아바타처럼 기체가 움직일 때까지 연습
  한다.

5) 제 5단계

- 기간 : 1주일 혹은 완전히 익숙해 질 때까지

- 연습고도 : 1미터

- 비행속도 : 사람이 걸어가는 속도보다 느리게

- 연습 목표 : 엘리베이터 키와 에일러론 키 그리고 러더 키 까지 느낌만으로도 조종이 가능
  해질 때 까지 연습한다.

- 연습방법 : 기체를 좌우 약 15미터 정도를 왕복하도록 조종한다. 단 반드시 기체의 위치와
  는 상관없이 기체의 후면이 나를 바라보도록 한다.

- 주의사항 : 이 비행의 목표는 정밀하게 각 조종기의 스틱을 복합적으로 움직일 수 있도록
  연습하는데 목표가 있다. 따라서 기체의 비행곡선은 직선이 이루어지도록 해야 한다.

3. 실전 촬영에 앞서

헬리캠을 처음 다루거나 혹은 촬영을 하는 경우 가장 빠지기 쉬운 오류 중에 하나가 바로 촬영이 목적이 아니라 비행이 목적이 되는 경우가 있다는 것이다. 다르게 말하면 필요한 그림을 촬영하는 것이 아니라 멋있는 그림을 촬영한다는 뜻이기도 한다. 연출자가 헬리캠을 이용하여 촬영을 하고자 한다는 것은 기존의 픽스 촬영이나 장비를 이용한 촬영으로 담을 수 없는 화면을 담기 위한 것이다. 이것은 화면의 구성상 필요한 장면을 헬리캠을 이용하여 담고 싶기 때문이다. 그런데 구성상 필요한 그림이 아니라 그냥 멋있기만 한 그림이라면 앞전 촬영과 후 촬영본 과의 연결이 매끄럽지 못하고 구성상 맞지 않아 정작 방송에서는 사용하지 못하는 경우가 종종 발생하고는 한다. 따라서 당연히 헬리캠 운용자는 촬영에 앞서 촬영의 컨셉과 사용될 장면에 대한 이해를 먼저 하여야 한다.

내레이션이 깔리는 장면에 전속력으로 헬리캠을 비행시키고 촬영을 한다 던지 편집 포인트를 두지 않아 필요한 편집 시간을 확보하지 못하는 경우 같은 어이없는 실수를 하지 않도록 해야 한다. 또한 촬영 컨셉과 콘티를 살펴보지 못하는 상황이라면 픽스로 촬영된 카메라의 화면과 연결할 수 있는 브릿지 그림을 같이 촬영을 해 놓아야 원활한 편집이 이루어 질 수 있다는 것을 염두에 두어야 한다. 헬리캠은 촬영현장에 카메라 장비로 오는 것이지 비행체로 오는 것이 아니기 때문이다.

CHAPTER 6

드론 운영 지침

1. 용어의 정리

(1) 드론

조종사 없이 무선전파의 유도에 의해서 비행 및 조종이 가능한 비행체의 총칭으로 최근에는 '로봇'을 대체하는 용어로 전 세계적으로 가장 널리 쓰이고 있는 용어다.

(2) 초경량비행장치

항공법상 비행드론을 규정하는 용어 중 최상위 개념이며 동력 비행 장치, 인력 활공기, 기구류 및 무인비행장치 등을 총칭한다.

(3) 무인비행장치

초경량비행장치의 분류 중 사람이 탑승하지 않고, 연료의 중량을 제외한 자체중량이 180kg 미만의 비행체를 뜻한다. 무게에 따라 무인비행선, 무인동력 비행장치 등으로 나뉘고 형태에 따라 무인비행기와 무인회전익비행장치 등으로 나뉜다. 현재 방송사에서 가장 보편적으로 사용하고 있는 촬영용 멀티콥터는 항공법상 '무인회전익비행장치'에 속한다.

(4) 무인회전익비행장치

무인비행장치의 분류 중 수직이착륙이 가능한 헬리콥터형태의 비행체를 뜻한다. 양력을 발생시키는 로터의 개수에 따라 싱글로터, 멀티로터로 나뉜다.

(5) 멀티콥터

무인회전익비행장치 중, 로터의 개수가 2개 이상인 기체를 뜻하며 그 수에 따라 트라이콥터 (3개), 쿼드콥터(4개), 헥사콥터(6개), 옥토콥터(8개) 등으로 구분한다. 프로펠러가 1개인 헬리콥터에 비해서 비행 안정성이 뛰어나기 때문에 촬영용 기체로 다양하게 사용 중이다.

(6) 헬리캠

멀티콥터에 소형카메라와 짐벌을 장착하여 촬영용으로 사용하는 특수촬영장비로, 무선조종헬기에 카메라를 장착했다고 하여 방송계에서 오래전부터 사용하던 용어다. 본 가이드라인에서는 현재 방송계에서 가장 널리 사용하고 있는 '헬리캠'으로 용어를 통일하였다.

2. 가이드 라인의 필요성

헬리캠은 새로운 시점을 제공하고 자유로운 움직임이 가능하기 때문에 방송에서 다양하게 사용 중이다. 하지만 헬리캠은 항공법의 규제를 받는 장비이므로 사용에 각별한 주의를 필요로 한다. 비행자는 헬리캠 추락사고나 불법비행등으로 인한 프라이버시 침해, 인적 물적 피해와 비행자 개인의 피해, 그리고 이로 인한 분쟁을 사전에 예방하기 위하여 운영주체들은 반드시 본 가이드라인을 참고하여 안전한 비행 및 촬영을 할 수 있도록 해야 한다. 또한 헬리캠 관련 법규는 예고 없이 개정될 수 있으므로 반드시 법규 상황을 지속적으로 확인해야 한다.

(1) 안전

헬리캠은 추락사고시 돌이킬 수 없는 인적·물적 피해를 입힐 수 있는 장비이기 때문에 안전을 최우선사항으로 고려하여 운용해야 한다. 안전에 대한 리스크를 항상 염두하고 인적, 기술적, 상황적 요소들을 현장상황에 맞게 부서장의 책임과 판단에 따라 운용한다. 따라서 헬리캠은 사고시 책임과 수습여부까지 종합적으로 고려한 뒤 '추락리스크를 감안하더라도 촬영결과물의 가치가 있는 경우'에만 한정하여 신중히 사용해야한다. 지형적, 공간적으로 헬리캠을 대체할 수 있는 촬영방법이 있다면 가급적 헬리캠은 차선책으로 고려한다.

(2) 사생활 보호

헬리캠 촬영으로 인해 개인의 프라이버시를 침해하지 않도록 사용자는 충분한 주의를 기울여야 한다. 오해의 여지가 발생할 것으로 예상될 경우 당사자와 주변인들에게 촬영목적에 대한 사전 설명을 하고 미리 충분한 이해를 구한다. 안전과 사생활침해를 고려하여 특정피사체에 필요이상으로 근접촬영 하지 않는다. 또한 헬리캠 촬영으로 인해 주변인들이나 현장상황에 피해를 입힐 수 있는 비행은 지양해야한다.

(3) 불법비행 금지

헬리캠은 초경량비행장치 중 배터리를 포함한 자체중량 12Kg이하의 '무인회전익비행장치'로, 항공법의 규제를 받는 특수촬영장비이다. 따라서 헬리캠의 운영주체는 비행금지구역, 비행제한구역, 관제권과 같은 '공역'에 대한 이해가 반드시 선행돼야 한다. 이러한 지역에서의 허가없는 비행 및 촬영, 항공법의 조종자 준수사항 미준수는 과태료 등의 행정처분의 대상이 되므로 반드시 관련 법규를 준수해야만 한다.

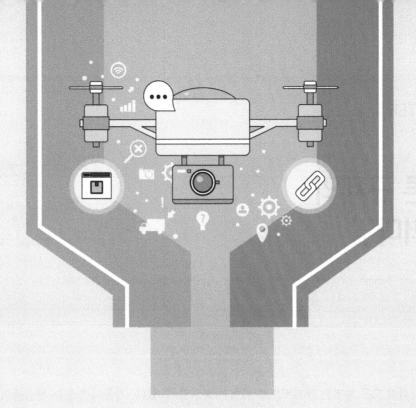

PART 3

드론과 인간: 법과 제도

CHAPTER 1

드론 규제의
패러다임

현대 사회의 모든 행위는 잠재적으로 위험한 행위일 수 있다. 자동차는 모든 사람들이 사용하는 생활 필수품이지만 자동차를 운전하는 경우에도 내가 운전하는 자동차가 보행자 혹은 상대편 자동차 운전자의 생명을 위협할 수 있다. 따라서 세계 모든 국가에서는 자동차를 운전하는 행위에 대하여 해야 할 것(차선유지, 정지선 준수 등)과 하지 말아야 할 것(음주운전, 신호위반 등)을 법으로 정해서 규제하고 있다.

현대 사회에서 규제는 암덩어리[22], 길 가운데의 전봇대 등으로 묘사되곤 한다. 각국 정부들은 규제를 줄이기 위한 다양한 정책을 내놓고 있다. 그러나 적절한 규제는 바람직한 사회를 유지하고 국민의 생명과 재산을 지키기 위해 반드시 필요하다. 이를 위해 개인과 기업의 행위를 일정 정도로 제약하는 것이 규제이다. 많은 현대 국가들은 규제가 반드시 필요하지만, 불필요한 규제로 인한 개인과 기업의 자유를 침해하는 것을 경계해왔다. 따라서 규제를 임의로 하기 보다는 법률에 의해서만 하는 '규제법정주의'[23]를 채택하고 있다. 즉, 현대 사회의 규제는 헌법이 허용하는 제한된 범위에서 국회가 제정한 법률(그리고 법률에 따라 위임된 대통령령, 총리령, 부령, 조례, 규칙)을 통해서 이루어진다. 드론에 대한 규제 역시 법에 근거해야 한다.

규제는 단순히 '무엇을 하지 말아야 한다'는 형태로만 운영되는 것은 아니다. 다양한 수준과 강도의 규제 방안들이 존재하며, 학자들에 따라서는 행정기관의 직접적 행정규제 이외의 대안적 규제들을 '비규제 대안'(김태윤 외, 1999) 혹은 '유사행정규제'(김신, 2015)로 부르기도 한다. 그러나 이러한 비규제 혹은 유사규제 역시 관련법으로 위임되는 경우가 많고 직간접적으로 정부의 영향력 하에 있기 때문에 역시 규제로 볼 수 있다.

이러한 규제들은 그 강도에 따라 다양한 수준으로 분류할 수 있다. 다음의 표는 이러한 규제를 그 강도에 따라 구분한 것이다.

<강도에 따른 규제의 종류>

강도에 따른 규제 수단 (1: 최약 → 6: 최강)	내 용
1. 관망 및 추가 연구 (Watch and Further Research)	• 아무런 정책을 채택하지 않고 관망함 (Wait and See 전략), 위험성에 대한 추가적 연구, 안전성이 증명된 대체 물질 및 기술 개발
2. 정보 공개 (Public Information, Right to Know)	• 위험성에 대한 정보를 투명하게 공개하여 소비자가 스스로 선택하게 함 • 예시: 쇠고기 이력 표시제, GMO 식품 표시제, 식품 원산지 표시제 등
3. 기술적 강요 (Technological Requirement)	• 현재 위험을 줄이기 위한 기술 및 사고발생시 피해를 줄일 수 있는 기술 사용 강제화 • 예시: 환경유해물질 배출 처리에 있어 BAT 사용 강요, Kill Switch 활용, 드론 백홈 기능 의무화 등
4. 행정적 강제 및 인센티브 (Administrative Requirement & Incentives)	• 점진적으로 사용을 줄이도록 강제하거나, 사용량을 제한하거나, 사용범위를 제한하거나, 보험 가입 등을 강요 • 예시: 드론 비행제한구역 설정, 케미컬 선셋, 보험 및 슈퍼펀드, 대안에 대한 인센티브 지급 등
5. 잠정적 연기 (Provisional Suspension)	• 위험이 우려되는 물질, 기술, 행위에 대한 한시적 사용 제한. 모라토리움 • 예시: 드론을 이용한 배송 불허, 인간 체세포치료복제 연구
6. 완전한 금지 (Strict Prohibition)	• 위험이 우려되는 물질 및 기술에 대한 사용을 엄격히 금지(ban) • 예시: 인간복제에 대한 금지(ban), 각종 위해환경물질에 대한 제로방출(zero discharge/ emission), 위험증명이전 등

자료: 김은성 (2010, p.41), 정지범 (2015, p.63)의 내용을 이용하여 재구성.

이러한 각각의 규제에 대하여 정지범(2015, p.57-62)은 아래와 같이 설명하고 있다.

(1) 관망 및 추가 연구

장래 불확실한 위험이 있다고 판단되지만 너무 불확실하거나 이에 대한 정책 대응이 마땅치 않을 경우에 아무런 정책을 채택하지 않고 관망하는 상황을 의미한다. 물론 이러한 상황에서도 지속적인 추가 연구를 통해 불확실한 위험을 증명하거나, 새로운 대안 기술 개발을 위해 노력해야 한다.

(2) 정보의 공개 (Information disclosure precautionary principle)

어떤 불확실한 위험이 있을 경우 이로 인해 피해를 입을 가능성이 있는 사람들은(소비자) 이에 대한 정보를 제공받아야 한다. 예를 들어 GMO 식품에 대한 위험은 매우 불확실하다. 따라서 GMO 식품의 섭취가 위험한지 그렇지 않은지는 불분명하다 할지라도 소비자들은 소비자 선택권 담론에 기초하여 자신이 섭취하는 음식에 GMO가 포함되어 있는지 알 권리가 있다(김은성, 2010).

이를 통해 구현된 정책이 GMO 표시제(labelling)이며, 보다 구체적으로 최종 생산물에 GMO 포함여부를 판단하는 '증명기반표시제'(proof-based)와 모든 생산과정에서 GMO의 포함여부를 표시하는 '과정기반표시제'(process-based)로 구분이 가능하다(김은성, 2010). 유럽의 경우 과정기반표시제를 의무적으로 채택하게 하고 있으며, 미국은 증명기반표시제에 입각하여 자율적으로, 그리고 우리나라는 증명기반표시제에 따른 의무 조항을 채택하고 있다(김은성, 2010, p.82-85). 미국산 쇠고기 파동 이후, 우리나라에서 실시하고 있는 식품 원산지 표시제도 및 쇠고기 이력제 역시 같은 맥락의 정보제공 및 알권리 확보를 위한 사전 예방원칙으로 볼 수 있다.

드론의 경우, 드론이 촬영을 하고 있다면 드론에 촬영 중이라는 표시(예, 점등 신호 의무화)를 기술적으로 강요하는 방안을 고려할 수 있다. 이러한 기능은 이미 우리나라 휴대폰에서 촬영시 '찰칵'하는 촬영음을 내도록 기술적으로 강제하고 있는 예를 보면 충분히 가능한 방법이다. 이는 사생활 침해를 미연에 방지하는 방안으로서 촬영하고 있다는 것을 대중에게 알리는 정보공개 규제와 함께 관련 기술을 강요하는 기술적 강제 규제에 해당한다고 볼 수 있다.

(3) 기술적 강요

이는 만약에 발생할 수 있는 위험을 줄이기 위해 위험 생산자들에게 기술적 요구 조건을 강요하는 것을 의미한다. 현재 발생하는 위험을 줄일 수 있도록 '최상가용기술(Best Available Technology)'을 활용하도록 강요하거나, 만일 사고가 발생했을 경우 이에 대한 피해를 줄일 수 있는 대응 기술 혹은 가외적 장치(redundancy)의 확보를 요구한다.

최상가용기술이란 현재 사용가능한 최신의, 최고의 기술을 의미한다. 주로 환경 분야에서 많이 활용되는 용어로서 화학물질 배출의 최종처리단계(end-of-pipe)에서 당시에 현장에서 활용가능한 최고의 기술을 활용하여 배출물을 처리해야 한다는 개념이다. 그런데 최고의 기술에 대한 입장은 보는 사람마다 다를 수가 있기 때문에 이에 대한 기술표준은 국가 혹은 국제기구가 정한다. 우리나라 환경부(2014)에서는 최상가용기술을 다음과 같이 정의한다.

- 경제성이 담보되면서 환경성이 우수한 기술 및 운영 · 관리 방법
- 오염물질 발생원 단위별로 발생저감 또는 배출저감을 위하여 적용
- 비산먼지 배출지점, 배출시설 등 발생원 단위별 적정운영 · 관리가 전제

최상가용기술은 일종의 기술표준이므로 향후 환경부에서는 소각, 발전, 철강, 석유화학 등 20여개 업종별 BAT 기준서를 제시할 예정이다 (환경부, 2014).

또 다른 예로서는 최근 휴대폰 도난 방지 및 개인정보 보호를 위해 의무화되고 있는 킬 스위치(Kill Switch)[24] 등을 예로 들 수 있다. 킬 스위치는 최근 급속히 발전하고 있는 무인이동체 기술(드론 및 무인자동차) 등에서 사전예방적 정책도구로서 활용이 가능할 것이다. 예를 들어 드론이 항공 금지 구역을 비행하는 경우, 정부 당국이 그 구역에서 비행하고 있는 드론의 작동을 킬 스위치 형태로 적용해 강제로 멈출 수도 있을 것이다. 또한 최근 신형 드론에 대부분 포함되어 있는 백홈 기능[25]을 모든 드론에 장착하도록 기술적으로 강요하는 방안도 안전성 제고를 위해 고민할 필요가 있다.

(4) 행정적 강제 및 인센티브의 제공

이는 어떤 불확실한 위험을 발생시킬 수 있는 기술이나 물질, 행위에 대하여 사용을 허용하면서도 다양한 제한 요건을 강제하는 것이다. 예를 들어 위험할 수 있지만 꼭 필요한 어떤 화학물질에 대하여 점진적으로 그 사용을 줄이도록 강제하는 행정행위를 생각해볼 수 있다. 또한 위험성이 있는 물질이나 기술을 대신할 수 있는 안전한 대안을 활용하는 경우에 세제혜택 등 인센티브를 주는 경우도 있다.

대표적 사례로는 최근 기후변화 완화(mitigation) 대책으로 추진되고 있는 이산화탄소 배출저감 정책들이다. 또한 위험성 있는 화학물질을 줄이기 위한 케미컬 선셋(chemical sunset)[26] 제도 역시 대표적인 사례이다.

드론의 경우에는 항공금지구역을 날지 못하게 하는 비행 구역에 대한 제한, 야간에 비행을 금지하는 시간에 대한 제한 등을 예로 들 수 있다.

(5) 잠정적 연기

이는 사전예방원칙이 적용되는 강력한 규제로서 사회적으로 큰 피해가 우려되는 불확실한 위험에 대하여 한시적으로 사용을 제한하는 것이다. 이를 모라토리움(moratorium)이라고 하는데, 이는 어떤 특정 위험이 나타날 가능성이 있다고 판단될 때, 그 안전성이 충분히 증명될 때까지 한시적으로 사용·수입·연구를 금지하는 규제제도를 의미하며, 완전한 금지보다는 강도가 낮은 규제로 볼 수 있다(김은성, 2010, p.52).

연구 및 사용에 대한 완전한 금지가 아닌 모라토리움을 선언하는 경우는 일반적으로 해당 물질이나 기술이 매우 큰 경제적 혹은 사회적 이익을 줄 수 있기 때문이다. 이러한 경우의 대표적 예는 인간 배아줄기세포나 체세포복제 활용 연구를 들 수 있다. 예를 들어 미국 대통령직속 생명윤리위원회[27]에서는 2002년 생명윤리 측면에서 논란이 발생했던 체세포치료복제연구에 대하여 4년간 연구를 중지하는 모라토리엄을 제안했다.

드론의 경우 아직까지도 드론을 이용한 배송을 금지하는 경우가 많은데, 이는 드론을 이용한 배송 때문에 발생할 수 있는 위험 때문이다. 드론이 배송을 하다가 추락을 하여 인명피해가 발생하는 경우, 또한 드론 배송이 테러에 악용되는 경우 등의 위험성 때문에 아직까지 드론 배송은 시기상조이다. 그러나 드론을 이용한 배송은 엄청난 경제·사회적 파급효과를 가져올 수 있다. 미국 최대의 인터넷상거래업체 아마존이 드론 배송에 많은 관심을 가진 것도 이러한 이유일 것이다. 따라서 현재 드론 배송에 대한 규제는 영구적 금지(ban)라기보다는 한시적인 사용규제(moratorium)로 판단하는 것이 타당할 것이다.

(6) 완전한 금지

이는 가장 강력한 사전예방원칙의 적용으로, 위험한 기술이나 물질에 대해 아예 사용을 금지하는 것을 의미한다.

대표적인 예는 인간복제금지를 들 수 있다. 미국 하원은 2001년 인간복제를 금지하는 내용의 법안을 통과시켰다. 이는 인간복제가 기술적으로 매우 유용할 수 있지만 이 기술이 전통적 윤리와 정면으로 충돌되기 때문에 과학이 넘어서는 안 될 기준을 수립한 것으로 볼 수 있다(박재옥, 2002). 이는 이익이 될 수 있는 기술이 불확실하지만 매우 치명적인 결과를 불러일으킬 가능성이 있을 경우 완전한 금지를 통해 규제하는 사전예방원칙의 예가 될 수 있다.

'드론을 왜 규제하는 것일까'에 대한 문제와 '드론 규제는 어떠한 바람직한 사회 질서를 지키고, 어떻게 국민의 생명과 재산을 보호하기 위한 것인가'에 대한 문제를, 이 장에서는 현재 많이 활용되고 있는 드론의 용도에 따라 어떠한 규제들이 관련 되는지와 관련해서 살펴볼 것이다.

드론은 새로운 기술이기는 하지만 드론에 대한 규제는 이미 존재하는 다른 규제들에 근거한다. 이는 드론의 행태에 따른 것으로 볼 수 있는데 '하늘을 날고', '주파수를 통해 조종자와 통신을 하고', '촬영을 하는' 것이 가장 일반적이고, 잘 알려진 드론의 행태로 볼 수 있다. 물론 향후에는 물건을 배송하는 등의 기능으로 진화하면서 새로운 규제를 필요로 하겠지만 현재까지 드론 관련 규제는 크게 이 세 가지 기능에 근거하는 것으로 보인다. 따라서 본서에서는 드론 관련 규제를 이 세 가지 기능에 근거하여 살펴볼 것이다.

이러한 기능별 규제는 나라마다 처해있는 상황에 따라 그 모습을 달리한다. 9/11 테러를 경험한 미국이나 남북 분단 상황에 처해있는 우리나라의 경우 안보적 차원에서 드론 비행에 대한 규제가 유럽의 여러 나라들에 비하여 무척 강한 편이다. 예를 들어 미국 연방항공청 (Federal Aviation Administration, FAA)은 드론 일반에 대한 포괄적 규제와 사전 허가를 엄격하게 요구하고 있다(강정수, 2015). 미국은 '소형무인기 규정안 제안 공고(Small UAS Notice of Proposed Rulemaking, 2015년 2월)'에 따라 드론의 무게, 운영 시간, 비행고도, 속도 등 '운영제한(Operational Limitations)'과 조종사 자격 취득과 자격을 명시한 '조종사 인증 및 책임(Operator Certification and Responsibilities)'을 비롯해 '항공기 요구사항 (Aircraft Requirement)', '항공기 모델(Model Aircraft)' 등을 포괄적으로 규제하고 있다(강정수, 2015). 이는 우리나라의 규제 모습과 매우 비슷하다.

CHAPTER 2

우리나라에서의
드론 규제

1. 드론 규제 기관과 공론화

드론은 미래 한국의 성장동력이기 때문에 규제완화를 통해 드론 산업을 활성화시켜야 한다는 목소리가 힘을 얻고 있다. 그러나 미국에서도 드론이 테러에 이용될 우려 때문에 다양한 규세가 있다는 현실을 볼 때, 남북분단 상황 하의 한국에서 관련 규제를 무조건 완화하기는 어렵다. 드론과 관련된 규제는 드론이 하늘을 날기 때문에 발생할 수 있는 안보상 위협에 대한 것이 가장 많고, 또한 가장 중요하다고 볼 수 있다. 따라서 드론 규제는「항공법」을 관리하는 국토교통부가 주관하고 있으며, 안보 문제로 인해 국방부의 영향력도 매우 크다.

또한 드론은 지방자치단체 혹은 개인 사유지 위를 날기 때문에 공중에 대한 소유권 제도에 대한 논쟁를 불러일으킬 수 있다. 현대 국가들은 2차원적 공간으로서 토지 소유권에 대한 규제는 거의 완비했지만, 이러한 공간을 3차원적으로 확장한 지하 공간 및 공중에 대한 소유권 문제는 아직까지 정비가 부족한 실정이다. 특히 공중에 대한 소유권 문제가 그러하다. 비슷한 예를 찾아보면 지하철 개발을 생각해 볼 수 있는데, 지하철 개발 등으로 인하여 지하 공간에 대한 법적 논쟁은 어느 정도 정리가 되었다. 예를 들어 지하공간의 이용권에 대해서는 한계심도(限界深度)[28]와 대심도(大深度)[29]라는 용어를 사용하여 개인의 소유권 및 보상 기준을 마련하고 있다(국토교통부, 2012). 아래의 그림은 지하공간의 깊이에 따른 보상비율을 제시한 사례이다(국토교통부, 2012, p.8 재인용).

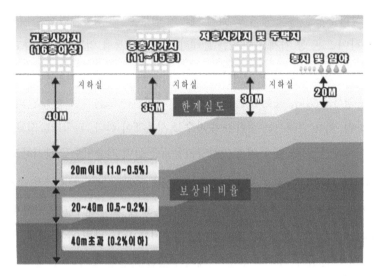

출처: 경기도청 철도도로항만국 GTX과 내부자료, 국토교통부(2012, p.8)에서 재인용

토지 용도별 한계 심도와 보상비 비율

이처럼 현대 사회에서 지하공간에 대한 소유권 및 보상 논쟁은 활발한 지하공간 개발 사례와 함께 구체화되어 가고 있으나 아직까지 공중에 대한 관련 논쟁은 부족하다. 일반적으로 "공중공간(空中空間)이라 함은 빌딩, 주택, 기타 지하나 공중을 향하여 연장되는 일정한 높이의 공간을 말한다. 이는 수평공간에 대한 상대적 개념의 공간(방경식, 2011)"이라고 할 수 있다. 지금까지 공중공간에 대한 논의는 주로 고압 송전선로 설치 등에 따른 공중공간 활용 제약 및 보상에 대한 논쟁에 집중되어 있었다. 그런데 최근 미국에서는 드론이 대중화되면서 사유지의 공중이 누구 소유이며 어느 정도 높이까지 집주인의 권리를 인정할지에 대한 논쟁이 발생하고 있다. 또한 기사에 의하면 "1930년 이래 미국은 유인항공기의 고도를 500피트(152.4m) 이상으로 제한했으며, 또 1946년 연방대법원 판결 이후 83피트 이하(25.3m) 상공은 집주인의 배타적 권리를 인정하는 대신 연이나 모형비행기 등은 예외(서울경제, 2015.05.14.)"임을 알 수 있다. 그러나 드론의 활성화로 지금까지의 느슨한 규정이 향후 다양한 갈등을 불러일으킬 가능성이 있는 상황이다.

이와 함께 드론의 주요 기능 중 하나인 촬영을 둘러싼 다양한 규제와 사생활 보호 역시 중요한 문제이다. 촬영과 관련해서는 군사시설 등에 대한 보안의 문제, 개인의 초상권 등 사생활 보호의 문제가 중요하다. 국방부는 「군사기지 및 군사시설 보호법」을 통하여 군사시설에 대한 촬영을 엄격히 규제하고 있고, 행정안전부는 「개인정보 보호법」을 통하여 개인의 초상권 등 사행활 보호 관련 규제를 마련해 두고 있다. 또한 개인 사생활 침해의 문제가 일종의

성폭력 혹은 성희롱의 문제가 될 수도 있기 때문에 법무부는 「성폭력범죄의 처벌 등에 관한 특례법」을 통하여 드론 등 기계를 이용한 몰래카메라 범죄 등을 엄격히 규제하고 있다.

이와 함께 드론의 산업적 활용과 발전에 필수적인 제도는 과학기술정보통신부 및 산업통상자원부에서 운영하고 있다. 특히 드론을 운영하기 위해서는 드론과 조종자 간의 무선통신이 반드시 필요하며, 이를 위해서는 적합한 주파수를 사용해야 한다. 과학기술정보통신부는 산하기관인 국립전파연구원을 통하여 무인항공기용 무선설비 기술기준을 관리하고 있다.

이외에 미래 지향적 용도로서 드론을 택배 등에 활용하고자 하는 시도가 각국에서 활발히 전개되고 있다. 그러나 아직까지는 우리나라를 비롯하여 세계 대부분의 국가에서 관련 제도가 구체화되지는 못한 실정이다. 따라서 본 절에서는 드론 관련 규제 중 특히 비행 기능 관련 규제, 촬영 관련 규제, 주파수 관련 규제의 현황을 확인할 것이다.

2. 비행 기능과 관련된 규제 (국토교통부, 항공법)

우리나라에서 드론을 날리기 위해서는 「항공안전법」에서 규정하고 있는, 드론의 무게와 용도에 따른 드론의 구매, 장치신고, 사업등록, 안전성 인증, 조종자 증명, 비행 승인 등 각 단계의 절차를 거칠 필요가 있다. 「항공안전법」 관련 규제는 항공기 자체의 사고와 항공기로 인한 외부의 피해를 막기 위한 안전 관리를 위한 것이다. 이와 함께 항공기를 활용한 공격을 사전예방적으로 방어하기 위한 안보 측면과 관련된 것들 역시 매우 중요하다.

드론 비행과 관련한 각 단계별 규제들을 살펴보면 다음의 그림과 같이 정리할 수 있다.

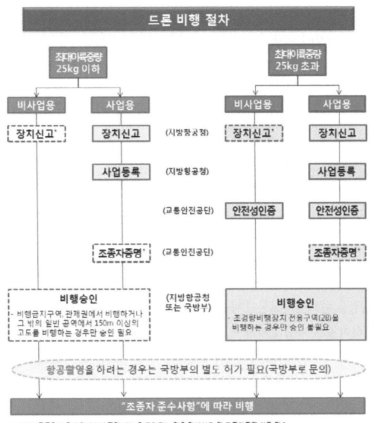

출처 : 국토부, 무인비행장치 관련 Q&A

항공법에 따른 국내 드론 규제 개요

(1) 드론의 신고

항공안전법에 따르면 드론(무인항공기, 무인기)은 "사람이 탑승하지 아니하고 원격조종 등의 방법으로 비행하는 항공기"를 의미한다. 일반적으로 드론은 무인비행장치에 포함되며, 중량 25kg를 기준으로 등록 및 관리 기준이 상이하다. 25kg이하의 비사업용 드론은 일반적으로 항공법의 적용 대상이 아니기 때문에 신고 절차가 필요 없지만, 조종사 준수사항을 지켜야 하며, 비행금지지역, 관제권, 150m고도 비행의 경우 승인이 필요하다. 드론이 12kg을 초과하거나 상업용으로 이용하는 경우에는 국토부 관할 지방항공청에 장치를 신고해야 한다. 그리고 신고번호를 발급받아 해당 드론에 표시하도록 규정하고 있다. 신고 절차는 항공법안전법시행규칙 별지 제116호 (초경량비행장치 신고서) 서식에 따라 지방항공청에 신청한다.

(2) 사업 등록

드론(초경량비행장치)을 이용하여 사업을 수행하기 위한 사업 등록을 위해서는 다음과 같이 항공사업법에서 정의한 요건을 만족시킨 후 지방항공청에 신청한다.

<초경량비행장치사용사업 등록기준>

구분	기준
1. 자본금	가. 법인: 납입자본금 3천만원 이상 나. 개인: 자산평가액 4천 5백만원 이상
2. 조종자	1명 이상
3. 장치	초경량비행장치 1대 이상
4. 보험가입	제3자 보험에 가입할 것

특히 사업 등록을 위해서는 드론의 파손 혹은 드론으로 인한 외부 피해에 대한 보상에 미리 대응하기 위하여 보험 가입 절차가 꼭 필요하다. 현재 국내에서는 드론에 대하여 영업배상책임보험 (60만원대 / 보장기간 1년마다 갱신 / 최대 5억 보상)을 가입할 수 있다. 보험에 가입하면 기체가 추락이나 충돌로 인해 대인대물피해를 입혔을 경우 최소 1억원에서 최대 5억원까지 피해를 보상을 받을 수 있다(ZERO MOTION, 2015).

(3) 안전성 인증 및 조종자 증명

현행 제도에 따르면 최대이륙중량 25kg 초과 드론은 교통안전공단의 안전성 인증 및 조종자 증명의 절차를 거쳐야 한다. 항공안전법 제125조(초경량비행장치의 조종자 증명 등)에 따르면 안전성 인증이 필요한 드론을 소유한 사람은 초경량비행장치 조종자 증명을 받아야 한다. 그리고 현행 항공안전법 제124조에서는 국토교통부령으로 정하는 초경량비행장치를 사용하여 비행하려는 사람은 국토교통부령으로 정하는 기관(교통안전공단)으로부터 국토교통부장관이 정하여 고시하는 비행안전을 위한 기술상의 기준에 적합하다는 안전성인증을 받아야 한다고 규정하고 있다. 현재 안전성 인증기관인 도로교통공단에서 제시하고 있는 안전성인증 절차는 다음의 그림과 같다.

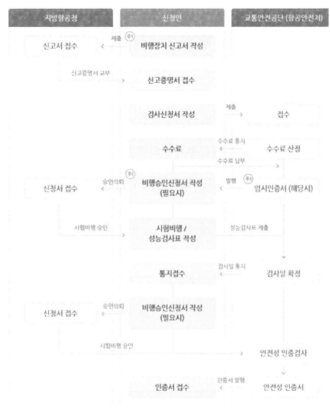

출처: 교통안전공단
(http://www.ts2020.kr/html/nsi/sii/USIInspectMethod.do)
드론 안전성인증 절차

이러한 제도에도 불구하고 아직까지는 우리나라의 드론 안전성을 증명할 수 있는 국가 기준 및 인증체계가 제대로 마련되지 못했다는 비판이 많다. 따라서 드론 운행 관련 안전성을 제고하고 관련 산업 육성을 위해 드론 안전기준 및 인증체계에 대한 연구개발이 반드시 필요한 상황이다.

(4) 비행 승인

우리나라를 비롯하여 세계 대부분의 국가들에서는 비행이 가능한 구역과 금지된 구역을 구분하는 '공역'(空域)을 관리하고 있다. 표준국어대사전에 의하면 공역이란 하늘의 지역(地域)이란 의미로 사전적으로는 "비행 연습을 할 때, 비행기 편대에 의해 점유되거나 비행 중인 항공기가 충돌을 피하는 데 절대 필요한 공간"을 의미한다. 항공법 시행규칙에 따르면 공역은 용도에 따라 다음과 같이 구분이 가능하다 (「항공안전법」 제78조).

- 관제공역: 항공교통의 안전을 위하여 항공기의 비행 순서·시기 및 방법 등에 관하여 제84 조제1항에 따라 국토교통부장관 또는 항공교통업무증명을 받은 자의 지시를 받아야 할 필요가 있는 공역으로서 관제권 및 관제구를 포함하는 공역

- 비관제공역: 관제공역 외의 공역으로서 항공기의 조종사에게 비행에 관한 조언·비행정보 등을 제공할 필요가 있는 공역

- 통제공역: 항공교통의 안전을 위하여 항공기의 비행을 금지하거나 제한할 필요가 있는 공역

- 주의공역: 항공기의 비행 시 조종사의 특별한 주의·경계·식별 등이 필요한 공역

관제공역 및 통제권역에서는 장치 무게나 비행 목적에 관계없이 드론을 날리기 전 반드시 허가가 필요하다. 드론 비행에 허가가 필요한 관제공역은 주변에 비행장이 있어, 기존 항공 기와의 사고 발생을 우려하기 때문에 관리하는 것이다. 비행금지 구역 및 제한구역의 경우 에는 청와대, 원자력 발전소 등 안보상 주요 시설 및 대형사고 발생이 우려되는 지역들로 볼 수 있다. 또한 우리나라에서는 고도 150M 이상의 비행에 대해서도 허가가 필요하다. 수요 비행금지 구역의 특징은 아래와 같이 정리가 가능하다.

가. 비행금지구역(P-73A) : 청와대 기준 반경 3.7Km 안쪽지역
나. 비행금지구역(P-73B) : 사실상 서울 강북 전지역
다. 비행금지구역(P-518) : 경기~강원 북한접경지역
라. 비행제한구역(R-75) : 한강 이남 거의 전 지역과 서울 주변 일부지역
마. 그 밖의 비행금지구역 : 수도권 이북 접경지역과 전국 공항 반경 9.3km(관제구역), 전국 국가, 군사보안시
　　설, 원자력발전소 주변 등

출처: ZERO MOTION(2015). 무인항공촬영 운영지침.

출처 : 국토부, 무인비행장치 관련 Q&A
드론 비행에 있어 허가가 필요한 구역

국토부에 따르면 2016년 현재 우리나라의 관제권과 비행금지 구역은 아래의 지도와 같다. 비 행장 주변의 관제권 승인권자는 서울, 부산, 제주 일대는 해당 항공청이지만, 그 외 지역은 해

당 공군기지와 미육공군기지가 담당한다. 비행금지구역의 경우에는 서울지방항공청, 부산지방항공청, 합동참모본부, 수도방위사령부 등에서 관할하고 있다. 이러한 지역의 비행허가신청은 비행일로부터 최소 3일전까지, 국토부 원스톱 민원처리시스템(www.onestop.go.kr), 혹은 국방부에 신청해야 한다.

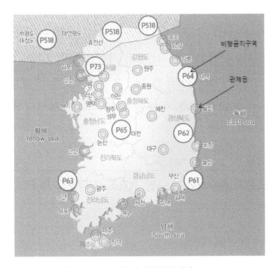

출처 : 국토부, 무인비행장치 관련 Q&A

우리나라 관제권 및 비행금지 구역

특히 수도 서울 주변의 공역의 경우에는 대도시 시민들의 안전관리 및 국방상의 이유로 대부분의 지역이 비행금지 구역 및 비행제한 구역으로 묶여 있는 상황이다.

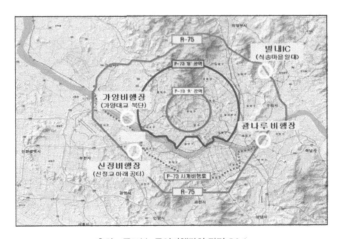

출처 : 국토부, 무인비행장치 관련 Q&A

수도권 공역 지정 상황

또한 우리나라는 승인을 받지 않고 자유롭게 드론을 날릴 수 있는 지역으로서 전국에 18개 '초경량비행장치 전용 공역'을 두고 있고 수도권에는 위 그림과 같이 가양, 별내, 광나루, 산정 등 네 곳을 두고 있다.

(5) 드론 조종 관련 준수 사항

항공안전법에 따르면 실내에서의 드론 비행은 승인이 필요 없다. 사방, 천장이 막혀있는 실내 공간에서의 비행의 경우 승인이 필요 없으며, 적절한 조명장치가 있는 실내 공간이라면 야간에도 비행이 가능하다. 그러나 외부 공간의 경우에는 드론 추락으로 인한 다양한 피해가 발생할 수 있으므로 드론 비행의 시간, 장소, 비행 중 금지행위에 대한 준수 사항을 두고 있다.

〈조종자 준수사항 (항공법 제23조, 시행규칙 제68조)〉

■ **비행금지 시간대**
야간비행 (* 야간 : 일몰 후부터 일출 전까지)

■ **비행금지 장소**
(1) 비행장으로부터 반경 9.3 km 이내인 곳
　　→ "관제권"이라고 불리는 곳으로 이착륙하는 항공기와 충돌위험 있음
(2) 비행금지구역 (휴전선 인근, 서울도심 상공 일부)
　　→ 국방, 보안상의 이유로 비행이 금지된 곳
(3) 150m 이상의 고도
　　→ 항공기 비행항로가 설치된 공역임
(4) 인구밀집지역 또는 사람이 많이 모인 곳의 상공 (*예 : 스포츠 경기장, 각종 페스티벌 등 인파가 많이 모인 곳)
　　→ 기체가 떨어질 경우 인명피해 위험이 높음
　　* 비행금지 장소에서 비행하려는 경우 지방항공청 또는 국방부의 허가 필요 (타 항공기 비행계획 등과 비교하여 가능할 경우에는 허가)

■ **비행 중 금지행위**
• 비행 중 낙하물 투하 금지, 조종자 음주 상태에서 비행 금지
• 조종자가 육안으로 장치를 직접 볼 수 없을 때 비행 금지
*예 : 안개 · 황사 등으로 시야가 좋지 않은 경우, 눈으로 직접 볼 수 없는 곳까지 멀리 날리는 경우

출처 : 국토부, 무인비행장치 관련 Q&A

출처 : 국토부, 드론 리플렛

3. 촬영 관련 규제

드론을 이용하여 촬영을 하는 경우에도 다양한 문제가 발생할 수 있다. 가장 대표적인 문제는 사생활 침해(프라이버시)의 문제이다. 사생활 침해 문제는 비단 드론에만 해당되지는 않는다. 이미 구글의 스트리트뷰, 몰카 촬영 및 배포 문제 등으로 인하여 수많은 논쟁이 있어 왔다. 다만 드론의 경우에는 공중에서 촬영을 할 수 있기 때문에 훨씬 더 다양한 사생활 침해 논쟁을 불러일으킬 수 있다. 또 다른 촬영 관련 규제는 안보 문제에 따른 것이다. 특히 국가주요시설 및 군사시설의 경우에는 보안이 매우 중요하기 때문에 드론에 의한 공중 촬영은 현행법(군사기지 및 군사시설 보호법)을 위반하는 것일 수 있다.

본 절에서는 사생활 침해를 방지하기 위한 규제 및 안보와 관련된 규제들을 살펴볼 것이다. 더불어 이러한 촬영 관련 규제들은 드론만을 대상으로 한 것이 아니기 때문에 유사사례들도 함께 살펴볼 것이다.

(1) 사생활 침해 관련 규제

드론의 촬영과 관련된 가장 대표적 문제는 드론 촬영으로 인한 개인정보의 침해, 즉 프라이버시의 침해이다. 일반적으로 프라이버시권이라 하면 '혼자있을 권리(right to be alone)'라는 소극적 기본개념에서 출발하여, "타인에 의해서 관찰되지 않고 알려지지 않은 상태로 공개당하지 않고, 침해받지 않으며, 나아가 적극적으로 자기에 관한 정보의 유통을 자기가 통제할 수 있는 권리"라고 규정된다(전광백, 2011, p.125). 우리나라 헌법 제17조에서도 "모든 국민은 사생활의 비밀과 자유를 침해받지 아니한다"고 규정하면서 사생활 보호의 중요성을 강조하고 있다. 일반적으로 프라이버시권의 침해 유형으로는 그 형태나 보호법익에 따라 크게 네 가지로 구분할 수 있는데, ① 사생활에의 침입 ② 사적인 일의 공개 ③ 허보-다른 사람을 오인케 하는 표현 ④ 사사(私事)의 영리적 이용 등이다(정지범, 2014, p.230). 이중 드론의 촬영으로 인한 사생활 침해는 '사적인 일의 공개'로서 일종의 개인정보 침해 문제로 볼 수 있다.

우리나라에서 개인정보 침해를 방지하기 위한 법률은 「개인정보 보호법」이다. 2011년에 제정·시행된 개인정보 보호법은 모든 분야, 모든 형태의 개인정보 처리에 적용되는 개인정보 보호에 관한 일반법이다(이주연, 2012). 개인정보 보호법 제정 이전에는, 공공 부문의 경우 우리나라 최초의 개인정보보호법이라 할 수 있는 「공공기관의 개인정보보호에 관한 법률」이, 민간 부분에서는 「정보통신망 이용촉진 및 정보 보호 등에 관한 법률」이 관련 내용을 담고 있었다. 이후 두 법의 개인정보보호 관련 내용을 통합하여 「개인정보 보호법」이 제정되었다[30].

「개인정보 보호법」(제2조 제1호)에서 규정하는 개인정보는 "살아 있는 개인에 관한 정보로서 성명, 주민등록번호 및 영상 등을 통하여 개인을 알아볼 수 있는 정보(해당 정보만으로는 특정 개인을 알아볼 수 없더라도 다른 정보와 쉽게 결합하여 알아볼 수 있는 것을 포함한다)"를 의미한다. 이중 드론 촬영의 경우, '영상 등을 통하여 개인을 알아볼 수 있는 정보'에 해당한다. 이러한 영상에 관한 개인정보 침해 문제는 국제적으로 다양한 논쟁을 만들어 냈다.

대표적인 사례는 구글(Google)의 스트리트뷰(Street view) 서비스이다. 우리나라에서도 다음의 로드뷰, 네이버의 거리뷰 등 유사한 서비스가 국내 업체들에 의해 제공되고 있다. 우리나라 「개인정보 보호법」에서는 개인정보처리자[31]가 개인정보를 침해할 경우 처벌의 대상이 된다. 예를 들어 구글의 스트리트뷰는 구글이 업무를 목적으로 불특정 개인의 영상의 촬영하여 개인을 알아볼 수 있는 정보를 유출시킬 수 있기 때문에 문제가 되는 것이다. 실제로 구글의 스트리트뷰 서비스는 특히 유럽의 여러 국가에서 개인정보법 위반의 문제로 제소되었고, 서비스 방식의 시정을 권고 받았다. 2012년 스위스 연방대법원은 구글 스트리트뷰 서비스에서 스트리트뷰에 나타나는 사람들을 식별할 수 없도록 가장 최신의 기술을 적용할 것, 카메라의 높이를 2.8m에서 2m로 낮출 것, 그리고 인터넷상에서뿐만 아니라 전통적인 언론매체를 통해서도 사전에 어떤 지역을 촬영할 예정인지를 알릴 것을 권고했다(이주연, 2012). 최근에는 대부분의 스트리트뷰 유사 서비스에서 개인식별에 단서를 줄 수 있는 얼굴 및 차량 번호판 등은 의도적으로 흐리게 하여 서비스를 하고 있다.

구글스트리트뷰 예시

드론을 활용한 공중 촬영은 구글의 스트리트뷰 서비스보다 훨씬 더 큰 사생활 침해 문제를 유발할 가능성이 있다. 스트리트뷰 서비스는 대부분 사람들의 눈높이에서 촬영되기 때문에 개개인의 얼굴 및 차량번호판 등을 식별할 수 없게 한다면 개인정보 침해 논란을 피해갈 수 있다. 그러나 드론의 경우 개인 주택의 정원 등 사적인 공간을 공중에서 직접 촬영할 수 있기 때문에 개인정보 침해의 가능성이 더욱 크다고 할 수 있다. 스위스 연방대법원이 스트리트뷰 촬영 차량 카메라의 높이를 낮추게 강제한 것도 개인정원 등 사적인 공간의 촬영을 막기 위한 것이었다.

「개인정보 보호법」에 따르면 드론을 이용한 촬영을 업무의 목적으로 수행할 경우, 스트리트뷰 서비스와 마찬가지로 개인식별을 할 수 없도록 얼굴 및 차량번호판 등을 흐리게 하는 기술적 조치를 할 필요가 있다. 혹은 촬영의 대상이 되는 개개인들에게 현재 촬영하고 있음을 고지하고, 동의를 받을 필요가 있을 것이다. 그러나 개인식별 방지를 위한 후처리 작업

및 개개인에 대한 동의절차는 상당한 비용과 시간이 필요한 작업이므로 이를 미연에 방지하기 위한 조치가 필요하며, 아예 기술적 해결 방식을 고민할 필요도 있다. 현재 대부분의 디지털 카메라의 경우 얼굴에 대한 자동적 인식이 가능하다. 이러한 기술을 보다 발전시켜 자동적으로 개인 얼굴이나 번호판에 대한 흐림 처리를 할 수 있도록 기술을 개발할 필요가 있으며, 관련 제도에서는 개인정보 보호를 위한 사전예방적 조치로서 최상가용기술(Best Available Technology)의 적용을 강제할 필요도 있다.

(2) 안보 관련 촬영 규제

드론은 공중에서 지상을 촬영할 수 있기 때문에 각종 국가주요시설 및 군사시설을 촬영할 수 있다. 명백히 주요 국가/군사시설이 없는 곳에서는 상관없지만, 그런 곳이 아니라면 허가권자인 국방부 장관(국방정부본부 보안암호정책과)에게 허가를 받을 필요가 있다.

군사기지 및 군사시설에 대한 촬영의 제한은 「군사기지 및 군사시설 보호법」에 의거한다. 동법 제9조(보호구역에서의 금지 또는 제한)에서는 "누구든지 보호구역 안에서 다음 각 호의 어느 하나에 해당하는 행위를 하여서는 아니 된다"고 규정하고 있다. 이중에서 "군사기지 또는 군사시설의 촬영ㆍ묘사ㆍ녹취ㆍ측량 또는 이에 관한 문서나 도서 등의 발간ㆍ복제. 다만, 국가기관 또는 지방자치단체, 그 밖의 공공단체가 공공사업을 위하여 미리 관할부대장등의 승인을 받은 경우는 그러하지 아니하다"라고 규정하고 있다.

이러한 주요 국가시설 및 군사시설에 대한 촬영 및 정보 제공은 드론뿐만 아니라 인공위성을 통해 지도서비스를 공급하는 업체들도 마찬가지이다. 대표적으로 주요 국가시설인 비행장 및 원자력발전소의 경우에는 현행 지도서비스에서도 관련 사진 및 위치정보를 제공할 수 없는 실정이다. 예를 들어 주요 군가시설인 수원비행장의 경우, 국내 지도서비스 업체들에서는 그 위치나 항공사진 정보를 얻을 수 없다.

아래의 그림에서 살펴볼 수 있는 바와 같이 우리나라의 대표적 포탈인 다음(www.daum.net)의 지도서비스에서는 수원비행장을 검색하거나 위치를 확인할 수 없으며, 위성지도에서도 그 위치와 모양을 확인할 수 없도록 다른 모양으로 변환시킨 것을 확인할 수 있다. 반면 국내 업체가 아닌 구글 지도서비스에서는 위성사진을 통해 수원 비행장의 활주로를 확인할 수 있다[32].

다음 지도 - 다음 스카이뷰(항공 사진) - 구글 위성지도 순
수원비행장에 대한 지도 서비스 현황 (2017년 8월 15일 현재)

주요 국가시설 혹은 군사시설이 근교에 위치해 있는 경우에는 비행허가뿐만 아니라 촬영허가를 미리 받을 필요가 있다. 이를 위해서는 촬영 7일 전에 국방부로 "항공사진촬영 허가신청서"를 전자문서(공공기관의 경우) 혹은 팩스(일반업체의 경우)로 신청하면, 국방부(보안정책과)에서는 촬영 목적과 보안상 위해성 여부 등을 검토한 후 허가 여부를 결정한다. 촬영허가를 얻게되면 관할 기무대에서 보안담당자가 지정된다. 이후 신청자는 보안담당관과 촬영일 전에 연락하여 촬영시간과 장소에 대해 통보한 뒤, 촬영당일 현장에서 직접 만나 검수 절차를 진행한다. 보안담당관은 촬영과정을 옆에서 지켜보고 군사시설 등 보안시설이 촬영됐는지 확인 뒤에 현장에서 검수를 완료한다.

이상의 내용을 바탕으로 수도권 근교의 공역에서 비행 및 촬영허가를 얻는 절차를 정리하면 아래와 같다. 수도권에서 촬영지역의 공역에 따라 관계기관으로부터 받아야할 허가사항은 다음과 같다.

가. 비행금지구역(P-73A,B) : 촬영허가, 비행허가
나. 비행금지구역(P-518) : 촬영허가
다. 비행제한구역(R-75) : 촬영허가, 비행허가
라. 관제권 : 비행승인
마. 그 밖의 지역 : 고도 150m 이하 허가 불필요

(O - 허가필요   X - 허가 불필요   △-상황에 따름)

허가사항/공역	비행금지구역 (P-73,65,518 등)	비행제한구역 (R-75)	관제권 (전국 민간 공항 반경 9.3km)	관제권 (전국 군공항 반경9.3km)	그 밖의 지역 (고도 150m미만)
촬영허가(국방부)	O	O	△(참조)	O	△(참조)
비행허가(수방사)	O(P-73지역만)	O(참조)	X	X	X
비행승인(국토부)	X	X	O	X	X
참조	①국가보안목표시설 및 군사보안목표시설 ②비행장, 군항, 유도탄기지 등 군사시설 ③기타 군수산업시설 등 국가안보상 중요한 시설·지역	O 항공법상 규제지역은 아니지만 대통령령에 의해 공역관리를 위탁받은 수도방위사령관이 'P-73 인근지역 비행지침'을 별도로 시행하여 비행승인을 받도록 하고 있음	△ 명백히 주요 국가/군사시설이 없는 곳에서 본임 책임하에 허가없이 촬영가능		
공통사항	① **위 모든 사항은 자체중량 12kg이하, 고도150m이하로 한정했을 때만 적용됨** ② 12kg이상 기체는 국내전지역 국토부에 허가 및 신고 필수 (25kg이상으로 개정예정) ③ 공역이 2개 이상 겹칠 경우 각 기관 허가사항 모두 적용 ④ 고도 150m이상 비행이 필요한 경우 공역에 관계없이 국토부 비행계획승인 요청 ⑤ 고도는 해발고도가 아닌 지표면으로부터 150m를 의미함(ex - 산 지표면으로 150m)				
예외사항	국방부 항공촬영허가의 경우, '천재지변에 의한 긴급보도' 등 부득이한 경우는 제외가능				

출처: ZERO MOTION(2015). 무인항공촬영 운영지침.

4. 주파수 관련 규제

드론은 무선통신을 이용하여 조종되기 때문에 드론 제작 시 적절한 주파수를 할당 받아야 한다. 우리나라를 비롯한 세계 각국에서는 주파수 사용에 대한 기술적 규제를 하고 있다. 즉 어떤 무선통신기기를 사용한다고 하면 어떤 주파수 대역을 사용해야하는지, 그리고 해당 주파수의 출력은 어느 정도가 되야 하는지를 규제하고 있는 것이다.

드론의 경우 세계 각국은 조금씩 다른 기준을 가지고 있다. 일반적으로 드론이 사용하는 주파수 대역은 주로 비면허 ISM 대역[33]인 2.4GHz 대역 및 5.8GHz 대역인 경우가 많다. 이러한 비면허 대역은 정부에서 정한 최대 허용 전력 또는 출력 등 기술기준을 만족하면 누구나 사용할 수 있으며 따라서 수많은 민간업체와 개인들이 다양한 통신기기 서비스를 위해 활용하고 있다. 비면허 대역은 주로 저출력 근거리 무선통신에 활용되며 와이파이, 블루투스, 무선전화기 등 많은 기기가 비면허 대역을 사용하고 있다(전자신문, 2015.11.11.).

> 현재 우리나라는 2.4㎓, 5.8㎓ 대역에서 약 1W 평균전력까지 출력을 허용하고 있다. 이는 2.4㎓ 대역에서 0.1W를, 5.8㎓ 대역에서 0.025W를 허용하는 유럽이나, 2.4㎓ 대역에서 0.6W를 허용하는 일본에 비해 높은 값이다. 반면에 미국은 최대 4W까지 출력을 허용해 우리나라보다 더 높은 출력을 허용하고 있으나 이는 넓은 영토 특성을 반영한 것으로 보인다(전자신문, 2015.11.11).

최근 우리나라를 비롯한 세계 각국은 드론의 산업 발전을 주도하기 위해 드론 전용 주파수를 도입하고 주파수의 출력을 강화하고 있다. 특히 우리나라는 관련 제도 도입에 적극적인 편이다. 2015년말 국립전파연구원은 무인항공기 지상제어 전용 주파수를 이용할 수 있도록 '항공업무용 무선설비의 기술기준'을 마련했다. 이 기준에 따르면, 지상에서 드론을 제어하기 위한 주파수로 5030~5091㎒(총 61㎒폭)을 분배했고, 무인항공기의 주파수의 출력을 기존 1와트에서 최대 10와트(W)까지 운용이 가능토록 했다(디지털타임즈, 2015.12.30). 이 기준에서 제시한 주파수 대역은 이미 전 세계적으로 무인항공기 지상제어 전용으로 주파수 분배가 되어 있기 때문에 국제 기준으로도 적합한 것으로 보인다. 비슷한 시기 일본 정부 역시 드론 전용 주파수 대역 선정 및 주파수 출력 강화 계획을 발표 했다(전자신문, 2015.12.30.). 그리고 그 결과물로서 2016년 12월 국립전파연구원에서는 '항공업무용 무선설비 기술기준'을 개정해 드론 이용을 위한 전용 주파수를 할당했다. 이 대역은 아직 국내에서 이용되지 않았던 주파수 대역이며 드론 전용 대역이기 때문에 전파 혼선으로 인한 드론의 추락, 충돌 등 사고위험이 적어 안정적인 드론 운용이 가능할 것으로 예측된다. 드론의 출력도 최대 10W까지 가능하도록 지정하면서 매우 한정적인 거리로만 운용되던 드론의 운용범위도 대폭 확장할 수 있게 되었다.

CHAPTER 3

미국에서의 드론 규제

1. 드론 규제의 공론화와 드론 규제:

(1) 미국 드론 규제안과 발의 과정

군사용으로만 쓰이던 드론의 상용화는 값싼 드론의 등장으로 가능하게 되었다. 2012년을 기점으로 중국 드론 업체인 DJI는 가격대를 대폭 낮춘 대중형 드론을 내어놓으면서 공격적인 마케팅으로 상업용 드론 시장을 열게 된다. 이러한 추세에 맞추기 위해 다소 늦기는 했지만 FAA는 2015년 2월 15일 FAA에서 작은 드론(small UAV 혹은 SUAV) 규제에 대한 제안서를 발표하기에 이르는데, 이 제안서는 따라 공청회 이후 2016년 6월 21일 107호 (part 107) 규제안을 포함한 최종 수정 규제안으로 발표하였고 이러한 수정 규제안은 2016년 8월 29일부터 효력을 발휘하고 있다. 규제안에 따르면 0,55 파운드(250 그램) 이상 55 파운드(25 킬로그램) 이하의 비 상업용인 취미 드론사용자들은 107호 수정 규제안에 언급된 상업용 드론 사용에 대한 규제와 관련없이, FAA 의 취미용 드론 사용 규제 사항을 따를 경우 드론을 사용할 수 있게 되었다.

(2) 드론 사업자 및 드론 업계의 성장

일단 드론에 대한 FAA 제안서의 입장은 SUAV 제조업자들의 드론 개발이 앞으로 크게 성장할 것을 예상하고 있다. 이 제안서는 3년 내 미국에서 7만개의 일자리와 130억달러(14조원) 이상의 경제 효과를 예상하고 2025년까지 820억달러 (91조원)의 규모로 성장할 것으로 기대하고 있다. 최근 최대 드론 업체인 중국의 DJI사가 1000만달러(110억원) 규모의 투자를 Skyfund 로부터 받았다[34]는 것을 보면 이러한 시장전망은 꽤 근거가 있는 것으로 판단된다. 이는 드론의 사업화의 가능성에 대한 투자자들의 낙관론을 보여주는 것이다.

<세계주요 드론제조업체>

순위	국가	제조업체 수
1	USA	85
2	United Kingdom	27
3	China	24
4	France	23
5	Germany	13
6	Israel	13
7	Brazil	12
8	Australia	11
9	Japan	11
10	Canada	10
11	Italy	9
12	Norway	9
13	Poland	9
14	Spain	9
15	India	8
16	South Korea	7

출처: http://www.uavglobal.com/list-of-manufacturers (2015년 10월 8일 접속).

드론 제조업자 (Manufacturers)의 리스트를 보면, 나라별 제조업자수는 미국이 가장 많지만, 현재 팔리는 드론의 제조업체는 중국이 가장 많이 차지하고 있다(예 : SZ DJI Technology Co.). FAA의 제안서는 3년 안에 200여 종류의 드론을 일반인들이 구입 할 수 있을 것이고 7,550여개의 상업용 드론이 사용될 것으로 예상하고 있다. 최근 비즈니스 와이어는 2025년 연간 드론 판매대수가 2천 6백만대에 이를 것으로 예상하고 드론 관련 서비스가 연간 8천 7백만 달러에 달할 것이라고 트랙티카(Tractica)의 리포트를 인용해 보도했다(Businesswire, 2015).

대중들이 드론을 구입해 이용할 수 있게 된 것은 최근 비교적 저렴한 가격대에 쉽게 조정할 수 있는 좋은 품질의 드론이 나오기 때문이다. 가장 인기 있는 4개 프로펠러(Quad Copter) 모델은 방송용으로 사용이 가능할 정도의 좋은 카메라는 장착하고 있음에도(1080p 나 4K 카메라 장착) 약 1천달러(120만원) 이하에서 쉽게 구입할 수 있다. 물론 보다 양질의 조정기능이나 비디오 촬영을 원할 경우 프로펠러가 더 많은 드론(예, 8개의 프로펠러를 장착한 옥토콥터, Octocopter)으로 2만달러(2천4백만원) 이상을 호가하기도 한다.

(3) 드론 로비그룹 및 사용 용도

상업용 드론 활성화를 위해 의회와 정부 그리고 FAA를 상대로 로비하는 그룹들이 속속 등장하고 있다. 현재 활동하고 있는 대표적인 로비그룹들은 마이크로드론(Micro drone, 5 pound 이하 드론)에 집중하고 있는 UAS America Fund LLC가 있고 U.S. Association of Unmanned Aerial Videographers(http://uavus.org/) 같은 로비그룹 등이 있다.

기업용 드론으로는 미국 유통업체인 아마존(amazon.com)이 자신들의 드론 배달시스템을 방송에 선보인 것을 필두로 구글, DHL 등이 드론을 사용한 배달시스템을 시도할 것이라는 보도가 나오고 있다. 그러나 이번에 FAA 가 107호 발표한 규제안에 따르면 무인 드론 배달은 특별한 경우를 제외하고는 허용되지 않고 있다. 이는 현행법상 드론을 사용해서 물건을 배달하거나 떨어뜨리는 것이 허용되지 않기 때문이다. 물론 이는 테러리즘에 악용될 우려 (예, 드론을 사용한 폭탄 테러) 때문이다. 이러한 FAA 의 결정에 대한 배송 업계의 반발이 거센 상태이기 때문에 미국 내에서 앞으로 어떠한 방향으로 FAA가 상업용 무인 드론 배달을 허용할지 귀추가 주목된다.

하지만 드론을 사용한 비디오촬영은 상업용이 아닌 경우 일반인들도 쉽게 할 수 있다. 현재 많은 드론들이 Go Pro 카메라를 장착하고 있는데, Go Pro에서 촬영한 영상의 질이 방송용으로 쓸 수 있을 정도이기 때문에 촬영된 비디오를 이용한 양질의 동영상을 비디오 프로덕션에서 활용하곤 한다. 최근 Go Pro 의 저가 고화질 드론 시장 진입은 일반인들의 드론 비디오 촬영을 더욱 용이하게 하고 있다[35].

드론은 또한 교량이나 송전시설 점검등 기존의 헬리콥터가 하던 작업을 보다 낮은 가격에 할 수 있고 또한 헬리콥터로 가기 힘든 지역도 작은 몸집으로 접근할 수 있다. 최근 미국정부는 송전시설 점검용으로 한 회사(Commonwealth Edison's Power line inspection)를 지정하여 열감지 카메라를 장착한 드론을 사용한 송전시설 점검의 가능성에 대해 시험을 하고 있는 중이다[36]. 하지만 드론의 송전시설 점검은 노동자의 일자리와 노조와 관련된 쟁점들이 정리되는데 시간이 걸릴 것이다.

물론 드론의 사용이 비용절감에만 장점이 있는 것은 아니다. 많은 장소를 비교적 빨리 점검할 수도 있다. 보험회사의 경우 기존 건물의 상태를 점검하기 위해 이전에는 접근하기 힘들었던 부분들을 드론을 이용해 쉽게 촬영함으로써 보다 많은 건물 정보를 확보할 수 있게 될 것을 예상하고 있다.

경찰이나 구조대(Search and rescue)도 드론을 유용하게 활용할 수 있다. 최근 미국 정부는, 시범 지역을 선정하여 드론을 사용할 수 있는 권한(Certificates of Waiver or Authorization, COA)을 경찰에게 부여했다. 또 다른 드론의 공공사용 예는 드론 산불 감시 및 야생동물(예, 늑대나 곰) 개체수 기록 등을 들 수 있다[37]. 이 또한 기존의 방법으로는 수행이 어렵거나 비용이 많이 들었던 작업들을 드론을 통해 쉽게, 그리고 경제적으로 해 낼 수 있는 가능성을 보여주고 있다.

이렇게 이미 이루어지거나 계획되고 있는 용도이외에도 학문적 이용이 활발하게 이루어짐으로써 생태학, 농수산업, 건축학, 커뮤니케이션학 등 다양한 분야에서 드론 사용의 새로운 아이디어들이 등장할 것으로 예상된다. 드론의 상업화와 함께 일반 드론 사용자가 늘어나면서 드론 필름 페스티벌(http://www.nycdronefilmfestival.com) 이나 드론 레이싱[38] (Drone racing) 등 같은 새로운 종류의 드론 사용처가 속속 개발되고 있다.

(4) 테러리즘 및 드론의 무기화

물론, 드론을 가장 많이 사용하고 있는 곳은 미국 국방부이다. 미 국방부는 최근 아프카니스탄에서 대테러리즘 용도로 드론 사용을 확대하면서 드론을 조정할 수 있는 파일롯이 부족하다는 기사[39]가 나올 정도로 전장에서의 드론 사용은 일상화되고 있다. 미국을 비롯한 서방의 드론 무기화는 상당히 진전되었다. 중동과 아프카니스탄에서 전장에서 미국은 이미 드론 무기를 활발히 사용하고 있다. 이러한 현실을 볼 때, 일반인의 드론사용이나 보급은 테러에 악용될 가능성이 있다. 최근 백악관의 드론 침입 사건에서 볼 수 있는 것과 같이 작은 드론의 비행금지 구역 침입을 막기는 매우 힘들기 때문에, 드론이 테러에 활용된다면 매우 위험한 도구가 될 수 있을 것이다.

(5) 드론 규제안의 프레임

드론을 규제할 수 있는 법과 제도는 미상무국 소속 NTIA(National Telecommunications and Information Administration)와 FAA에서 마련해 2016년 6월 21일 발표하였다. 현 제도 하에는 55pounds(25kg) 이하[40] 드론을 취미로 사용할 경우 미국 시민이거나 영주권자인 경우 등록을 하고 등록비 (5달러)를 내면 사용하는데 문제는 없다. 하지만, 취미로 사용하는 경우에도 안전한 사용을 전제로 하고 있다. 드론의 공항 5마일 반경에서는 날릴 수 없고 일반 비행기의 비행을 방해하지 않아야 하며, 드론을 가시권 안에 두고 날려야 만 한다는 점은 상업용 드론 사용과 다를 바가 없다. 물론, 부득이한 경우 공항 관제탑의 허락을 받고 공항 5마일 반경 안에서 날리는 것이 허용될 수는 있다.

2015년 12월 FAA는 이러한 드론에 대한 새로운 제도를 발표하였고, 많은 취미 드론 사용자들이 드론 사용 등록을 하였으며 취미로의 드론사용은 완전히 합법화 되었다. 이후, 상업용 드론에 대한 등록 및 시험은 2016년 8월 29일을 기하여 시작하고 있다. FAA가 새로운 상업용 드론 등록 제도를 만들기 전 300개의 Certificates of Waiver 또는 Authorization(COA)가 이미 연방·주·지방정부에 제출되어COA를 발행받은 기관은 정부의 드론 사용에 따른 규제를 받지 않고 있었다. 결과적으로 이들의 시범적 사용은 2016년 6월 21일 발표된 107호 규제 법안을 만드는데 기준이 되는 사례로 사용 되었다 할 수 있다.

FAA의 107호 규제 법안은 드론의 상업적 사용 규제에 관한 것인데 특히 테러 및 보안(Terrorism & security) 위험에 대해 법적인 규제를 통한 최소한의 안전을 보장받기 위해 입법된 안이라 볼 수 있다. 정보 기관 요원의 실수로 판명나기는 했지만, 2015년 10월 백악관 드론 착륙사건같은 뉴스는 드론 규제안을 만드는데 많은 영향을 미쳤다. 이에 안전을 이유로 드론에 대한 규제를 FAA의 107호 법안에 상세하게 정하고 있다.

<상업용 드론 규제>

- 드론을 가시권에 놓고 운행하여야 한다는 FAA의 상업용드론에 대한 규제 (법안 107호)
- 드론의 속도는 100마일 (87노트) 아래여야 한다.
- 드론은 400피트 (121.92 미터) 이상의 고도에서는 운행할 수 없다. 드론의 조종자가 빌딩에서 조정할 경우 빌딩의 고도에서 400피트를 더한 고도아래에서만 운행한다.
- 드론 운행시 가시거리가 3마일 이상이어야 한다.
- 드론 운행시 구름에서 고도상 500피트 (150미터) 이상 거리상으로 2000 피트 (600 미터) 이상 떨어져 운행하여야한다.
- 드론을 사람들 위로 운행하는 행위는 금지한다.
- 움직이는 자동차에서 드론 운행은 금지한다.
- 물건 배송 서비스는 허용되지 않는다. 하지만, 드론으로 물건을 운반하는 행위는 가시권내에서만 허용한다.
- 드론은 낮에만 운행한다.

일단 몇가지 중요한 드론 규제중 가장 중요한 것은 드론을 가시권에 놓고 운행하여야 한다는 것이다. 이외에도 107호 법은 많은 구체적 규제안을 포함하고 있는데, 표 1에서 정리해 놓을 것과 같이 드론의 속도는 100마일 이하, 고도는 400 피트 이하, 가시거리가 3마일 이상의 날씨, 그리고 구름과 적절한 거리등을 상세하게 정하여 주고 있다.

이외에도 드론 규제안은 매우 자세히 사용범위를 정해주고 있다. 몇가지 사항을 보다 자세히 살펴보자면, 드론은 사람들 위에서 운행하는 것은 금지하고 있다. 이것은 한사람이나 여러사람 혹은 군중의 규모에 상관없이 금하고 있다. 예외로 정하고 있는 사항은 드론을 직접 운행하고 있는 사람들의 위로는 운행이 가능하고 또한, 몇 가지 중요 사항을 준수할 경우 사람위로 운행하는 것을 허용하고 있는데, 이러한 예외 사랑은 드론의 운행 지역이 인가가 드문 지역이거나, 운행하는 드론 아래 있는 사람들을 보호할 수 있는 막이 있는 경우 (지붕같은), 드론이 낙하할 경우 사람들에게 피해가 가지 않을 장치를 해놓은 경우에만 한 한다. 움직이는 자동차에서의 운행에 대한 규제도 107호 법안은 자세히 설명하고 있는데 움직이는 자동차에서 드론을 운영하는 것은 금지하지만 인적이 드문 곳에서나 물위의 보트같은 탈것에서의 운행은 허용하고 있다. 또한 인적이 매우 드문 곳에서는 움직이는 자동차에서 드론 운영을 허용하는 예외를 적용하기도 한다.

드론으로 물건을 나는 행위는 원칙적으로는 허용된다. 하지만, 드론이 항상 가시권 안에 있어야 하고 주 경계를 넘지 않아야 한다. 이는 무인 배달이 허용되지 않는 다는 것을 의미하고 장거리 운행도 용인되지 않는 다는 것을 의미한다. 심지어는 주 경계 안이더라고 하와이 섬들 간 물건을 나르는 왕래는 금지되고 있고, 돈을 받고 섬들간 물건을 나르는 배송 행위도 금지하고 있다. 물론, 위험한 물건을 운반하는 행위도 금지한다. 또한, 드론의 운행은 원칙적으로 낮에만 허용한다. 여기서 낮에만 허용한다는 기준은 일출 30분전과 일몰 30전을 의미한다.

(6) 상업용 드론 사용자 기준 및 면허

FAA 의 107호 법안에 의하면 상업용 드론 면허를 받을 수 있는 면허는 16세 이상, 영어로 의사소통이 가능하고, 드론 조종을 위한 정신과 신체적 조건을 갖추고, FAA 의 면허 시험을 통과 해야 한다. 하지만, 2년 만기안의 일반 비행기 조종 면허 (예, 14 CFR part 61 에 허가 면허)가 있는 경우, 107 규정에 의한 소정의 교육 과정 만 거치면 상업용 드론 면허를 발급받을 수 있다. FAA 는 면허 시험에 통과했지만 면허 시험자들에 대한 신원 조회를 통과하지 못한 경우 면허허가를 하지 않을 수 있다는 것을 107 호 규정에 명시하고 있다. 면허는 2년 동안 유효하고 2년이 지나기 전에 면허 시험을 다시보고 갱신을 해야 한다. 필기 시험에서 떨어질 경우 다시 보는 것을 허용하고 있다.

앞에서 이야기한 것처럼, 상업용 면허를 받으려면 면허 시험을 통과해야 한다. 필기 시험을 보려면 가까운 시험 장소를 FAA의 웹 사이트[41])에서 찾아 등록 후 시험을 봐야 한다. 규제 안은 필기 시험에 대한 내용도 상세히 설명하고 있는데, 시험 내용으로는 드론 운행 사용 범위, 항공 구역 및 비행체 운영에 대한 규제, 날씨 관련 정보 처리 능력, 비행체 운행 기술, 위험상황 대처 능력, 드론 운행자들 운영에 대한 지식, 주파구 관련 지식, 드론 스펙에 대한 지식, 음주 운행에 대한 지식, 비행시 의사결정, 비행장에 대한 지식, 드론 관리 및 점검에 대한 지식, 등이 있다. 상업용 드론 (UAS) 사용허가증(FAA Certificate)의 받기위한 면허 시험 료는 150달러(18만원) 정도가 기본적인 비용 책정 되었다.

2. 드론에 의한 사고와 프라이버시 문제를 보는 시각

지금까지 미국 언론에서 언급되고 있는 드론으로 인한 사고나 사고 가능성을 몇 가지 형태로 나열해 볼 수가 있다. 우선, 가장 이야기가 많이 되는 부분은 항공기와 충돌가능성이다. 이에 대해 최근 미국 의회는 드론 비행금지구역에서 자동으로 드론이 비행하지 못하게 하는 기술 도입을 논의하고 있다. 충돌가능성에 대한 또 다른 예는, 캘리포니아 산불을 진화하는데 있어서 촬영을 위한 아마추어 드론때문에 산불진화헬기가 작업을 할 수 없고 이로 인해 진화가 더뎌진다는 것이 많이 보도되고 있다.

하지만 드론과 관련된 주요 논쟁점은 프라이버시의 문제에 관한 것이다. 특히 드론을 미디어로 사용할 경우 프라이버시의 문제와의 충돌을 피할 수는 없을 것이다. 일단 드론 저널리즘과 프라이버시를 보는 두가지 시각은 기존의 저널리즘의 케이스들과 관련해서 생각 해 볼 수 있다. 첫째로는 저널리스트나 미디어가 개인의 생활을 침해 한다는 시각에서 볼 때 사생활 침해와 관련된 케이스들을 찾아 볼 수 있다. 둘째로는 미국 수정헌법 4조에 보장되는 정부 외 여러 기관으로부터 개인의 프라이버시를 보장해야 한다는 의미에서 드론의 촬영으로 인한 개인의 프라이버시 침해에 대한 개인의 자유 보호와 관련된 케이스들을 생각 해 볼 수 있을 것이다. 드론을 사용한 공중 감시의 경우 수정 헌법 4조에 보장되는 개인의 프라이버시를 침해하는 것이 매우 용이하기 때문에 두 번째 시각의 경우 드론과 관련하여 매우 중요한 개념이 될 수 있을 것이다.

(1) 사생활 침해로 보는 시각, 지난 케이스 들을 볼 때 중요한 변수들

드론 저널리즘으로 인한 문제를 보는 시각 중 사생활 침해로 볼 수 있는 부분을 이해하는 것은 드론을 저널리즘이나 미디어 컨텐츠 생산의 도구로 사용하는데 매우 중요한 시각이다. 드론으로 촬영하는 부분이 미디어 컨텐츠나 저널리즘의 도구로 사용될 시 어떠한 경우에 법의 보호를 받을 수 있는지는 미국의 여러 케이스들을 살펴보며 생각해 볼 수 있는데 지난 케이스들을 중요한 변수들로는 미디어의 촬영 장소 (공공 장소인가 개인의 소유의 장소인가)와 미디어가 대상으로 하는 객체가 공인인가 아니면 일반 시민인가로 크게 나누어 생각해 볼 수 있다.

① 공공장소 대 개인 소유의 장소

촬영 장소가 공공 장소인가 개인 소유의 장소인가는 일반적인 방송국의 방송 행위에 해당하는 여러 가지 케이스들의 결정을 참고로 생각 해 볼 수 있다. 1983년 CBS 가 공공의 장소라 생각되는 웰린 (Wehling) 부부의 집 밖에서 TV 리포터가 집을 촬영한 내용에 대해 웰링 부부가 보도 내용에 대한 명예회손과 개인의 프라이버시 침해라고 고소한 사건에서, 텍사스 법원은 집 밖에서 촬영한 집은 공공의 장소인 거리에서 보이는 집의 모습과 다르지 않다는 것을 근거로 개인의 프라이버시를 침해하기 않은 것이라 판결하고 있다. [42] 이는 공공의 장소에서 보이는 개인의 사유물이나 개인 소유의 장소는 개인의 사생활 침해로 볼 수 없다는 법원의 결정을 의미하며 이러한 방송 리포트에 대한 결정은 공공장소에서 드론으로 개인 소유의 장소를 촬영한 영상에 대한 보호가 가능하다는 것을 의미하기도 한다.

이와 비슷한 케이스들은 여러곳에서 보이는데, ABC 방송이 방송 내용의 소스가 되기를 거부한 개인의 뉴스 프로듀서와의 대화 내용을 방송에 내보낸 경우에 대해서 법원은 공공 장소인 거리에서 대화 내용을 듣고 볼 수 있는 상황 이었다는 이유로 촬영 및 방송을 개인의 사생활 침해라고 볼 수 없다고 결정했다. 심지어는 판사가 집 차고에서 나오는 모습을 담은 보도 영상을 보도 한 것도 판사의 의사에 상관없이 공공 장소인 거리에서 촬영할 수 있었던 매우 일상적인 영상이었고, 또한 기자가 개인의 집에 들어간 것도 아니고 상해를 가하거나 위험한 행동을 한 것도 아니기 때문에 개인의 사생활 침해로 볼 수 없다고 판결하고 있다. [43] 기술와 발전과 더불어 IT 기업들의 정보화가 공공장소에서의 개인의 프라이버시 침해로 이어지는 경우도 드론의 촬영과 관련해서 볼 수 있다. 구글 지도의 경우, 공공 장소인 도로에서 360도의 카메라를 이용해서 개인의 집이나 건물들을 데이터 베이스화 하므로써 일반인이 쉽게 도로상에서 볼 수 있는 개인의 집 모습을 인터넷을 통해 검색하게 해준다. 이처럼 공공 장소에서의 촬영은 행인이나 집안에 있는 사람 (도로상에서 보이는) 들의 프라이버시를 침해 할 수 있다는 우려와 비판을 받아왔다. 이러한 문제점은 인식한 후 구글 지도 서비스는 행인들의 얼굴이나 모습을 가리는 것으로 개인의 초상권을 보호하는 자구책을 만들어 지도 서비스에 적용하고 있다. 44)

이러한 여러 판례를 참고하여 보면, 드론으로 촬영한 영상도 개인의 영역인 집이나 초상권을 영상에 포함하였다고 하더라도 공공장소에서 촬영한 것이라면 프라이버시를 침해하지 않는 것으로 판단될 가능성이 높아진다고 할 수 있을 것이다. 하지만, 개인의 프라이버시가 보호되는 개인의 가정에서 저널리스트나 미디어의 촬영은 극히 제한된다고 볼 수 있다. 1971년 디트맨 대 타임 (Dietemann v. Time Inc.)의 케이스를 보면 저널리스트의 작업이라고 할지라도 개인의 지하 사무실에 몰래카메라를 들고 들어가 촬영하는 것은 개인의 프라이버시를 침해한 것이라는 법원의 판결이 있다. 45) 이처럼 공공의 장소에서 보이지 않는 개인의 장소를 촬영하는 것은 개인의 프라이버시를 침해하는 것이며 이러한 판결은 드론을 미디어로 활용하는데 중요한 요인으로 생각해 볼 수 있을 것이다.

② 공공의 이익과 저널리스트의 의도

미디어를 통한 공인 (public figure)의 촬영에 대한 문제는 공공의 관심과 이익이 공인의 프라이버시보다가 우위에 있을 때 특히 더 정당화 될 수 있을 것이다 (McIntyre, 2015)46) 앞에서 본 판사의 케이스도 판사가 공인이었기 때문에 개인의 프라이버시 침해 정도에 어느정도 영향을 미쳐 기자와 방송사에 유리한 판결로 이어진 것으로 보인다.

심지어는 저널리스트가 몰래 카메라로 건강검진 테스트 관련 회사 (이 케이스에서는 Medical Laboratory Management Consultants 라는 회사)의 테스트 관련 내용을 ABC 방송사가 이 회사의 동의를 받지 않고, 회사 내에서 촬영한 내용을 보도 한 것에 대한 법원의 판결은 이러한 보도가 특별히 개인의 프라이버시에 대한 침해라고 보지 않는 다는 것이었다. 47) 저널리스트가 몰래카메라로 촬영한 내용도 프라이버시의 침해가 아니라는 판결이었다. 하지만, 저널리스트가 카메라를 들고 공장이나 사무실에 들어가서 촬영하는 것과 드론을 띄워 촬영하는 것은 좀 다른 차원이며 드론이 좀 더 공간에 대한 침해를 한다고 생각 할 수 있다 (McIntyre, 2015). 물론 이러한 사건의 판례는 앞으로 드론에 대한 법원 판결에 영향을 미칠 수 있을 것이 지만 지금으로서는 확실한 답을 하기는 어렵다고 할 수 있다.

미디어가 자신의 소속과 의도를 밝히는 것도 중요한 요인으로 작용하고 있다. 앞의 예에서 본 개인의 지하실에 몰래카메라를 한 저널리스트의 경우, 자신이 저널리스트라는 것을 밝히지 않고 녹화를 한 것이 저널리스트에게 불리하게 작용하였다. 하지만, 다른 많은 저널리스트에서 유리한 판결을 내린 케이스 들은 저널리스트가 자신의 소속과 직업 그리고 촬영 의도를 설명하는 과정이 있었다. 예를 들면 비행기 승무원인 데테레사씨가 ABC 방송기자와 특정한 사건 (오 제이 심슨 사건, O J Simpson)에 대한 이야기를 한 것을 기자가 방송에 사용한 것에 대한 판결은 기자가 인터뷰한 내용을 방송에 쓰지 않을 것이란 기대를 하기는 쉽지 않고, 이 경우 저널리스트가 거짓으로 자신의 의도를 이야기 하지도 않았기 때문에 촬영한 영상의 사용이 적법한 것이었다고 판결하고 있다. [48] 이러한 경우로 보았을 때, 드론을 미디어로 사용 시 드론 조종자들은 자신의 소속과 의도를 정확히 밝혀 두는 것이 촬영한 컨텐츠를 사용할 수 있는데 매우 중요한 요인으로 작용할 수 있다고 본다.

(2) 공중 감시로 보는 시각

공중 감시의 경우 정부나 정부 기관들이 과거 비행기나 헬기를 이용한 공중 사찰 감시의 경우 경찰이나 사정기관들이 영장 없이 개인의 사생활을 훤히 들여다 볼 수 있었기 때문에 개인의 프라이버시 보호를 명시한 수정헌법 4조에 위반될 수 있는 소지가 다분히 있을 것이다. 기본적으로 공중으로 나는 비행기를 이용한 사찰은 공권력이 불법행위를 하는 것을 발견하기 위해 사용한 경우들이 많았으며 이러한 행위들이 수정헌법 4조의 프라이버시조항에 위법한 것인지가 미국 법원에서 결정되었는데, 대부분의 경우 정부에서 행하는 공중 감시가 적법하다는 판결이 나고 있다 (McIntyre, 2015). 이러한 결정에는 앞의 사생활 침해로 보는 시각에서 다루었던 촬영하는 장소와 촬영 대상이외에도, 촬영하는 비행체가 공공의 장소에서 날고 있었는지와 비행체의 고도가 결정의 중요한 변수로 작용하고 있다.

여러 가지 케이스들 중 공중 감시와 프라이버시에 대한 논쟁을 잠재운 것은 공중 감시의 삼부작이라 불리는 케이스들인데 이들은 다우 케미컬 케이스, 캘리포니아대 시라올로 케이스, 그리고 플로이다 대 라일리 케이스 들이다 (Jenks, 2015)[49]. 우선 다우 케미컬이 대법원에 낸 미국 정부에 대한 개인 소유 재산에 대한 프라이버시 침해 소송을 보면 (Dow Chemical Company v. United States) 소송이 미국 정부의 승리로 끝난 것을 볼 수 있다. 이러한 판결에서는 촬영기기를 탑재한 비행기가 적법한 항공운항의 고도에서 운영하고 있었으며 비행기 탑승자가 비행기 안에서 관측할 수 있는 범위 내에서의 촬영이 이루어진 것이므로 이러한 촬영은 적법한 것이었다는 법원의 관점을 읽어 낼 수 있다.[50] 캘리포니아 대 시라올로 (California v. Ciraolo)[51] 같은 비슷한 케이스도 같은 결론이 내려진다. 개인 비행기를 사용해 개인의 집과 뒷마당에 심어져 일반 도로에서는 보이지 않지만 비행기로 관측될 수 있는 마약에 대한 항공 공중 감시 단속 방법이 적법한 것으로 판결된 것은, 법원이 항공 공역을 (airspace) 공공의 장소로 간주해 공역에서 촬영한 콘텐츠가 개인의 프라이버시를 침해하지 않는 것으로 간주하고 있다는 법원의 관점을 볼 수 있다.

 이러한 케이스들 이후 미국 콜로라도 법원은 헬리콥터를 사용한 방송국의 촬영의 고도 까지도 법리를 사리하는데 적용되는데, 앞서 캘리포니아 대 시라올로 케이스는 1000 피트상 공에서 촬영한 상황을 항공 공역이라는 것을 적용하여 적법하다고 했던 것처럼, 1994 핸터 슨 대 피플의 케이스 (Hendersen v. People) 는 500 피트 상공에서 촬영한 것도 공공의 장 소로 간주하고 있다. [52] 하지만, 최근 2016년 8월 시행된 드론사용 범위는 400 피트 아래에 서 만 허용되고 있기 때문에 앞으로 법원이 어떠한 결정을 내릴 지는 주시할 필요가 있을 것 이다.

2. 드론운행과 데이터 관리에 대한 FAA 의 권고 및 주파수 문제

(1) 드론 운행과 데이터 관리에 대한 FAA의 권고

미국의 FAA 가 드론의 개인적 사용과 상업용 사용에 대한 규제안을 마련하는데 많은 시간 이 걸린 이유는 사고 및 테러 발생 방지에 대한 최대한의 규제안 마련과 드론으로 인한 사고 발생 시 책임 귀재를 여러 가지 시나리오를 통해 생각하기 위하여였다.

물론, 드론으로 인한 사고가 날 경우 사고를 개인의 실수나 의도로 해석할 수가 있으며 문제 점을 개인 차원에서 지목할 수 있다. 예를 들면, 백악관의 정원에 착륙한 드론이 정보요원의 실수에 의한 것으로 알려지면서 개인의 잘못으로 사건이 종결되었던 일이 있다. 이러한 경 험 이후 만들어진 FAA의 규제안은 미국의 수도인 워싱턴 DC 내에서 드론으로 물건을 나르 는 것을 금하고 있다. 드론 사용자들은 이러한 규제안을 숙지하고 따를 의무가 있다.

FAA의 규제안에도 불구하고 앞에서 언급한 바와 같이 드론이 어떠한 면에서 개인의 프라이 버시를 침해하는지에 대한 완벽한 가이드라인 없기 때문에 드론 운영자들이 드론 운행에 대한 쉽지 않은 결정을 하여야 한다. 이에 대해 FAA는 드론 사용에 대한 권고문을 FAA 웹 사이트에 기재하고 있다[53]. 이 권고문은 드론의 사용시 드론 사용에 영향을 받을 수 있는 사람들에게 드론 사용에 대해 알려야한다고 권고한다. 알려야하는 내용으로는 드론이 수집하는 데이터의 목적, 수집하는 데이터의 범위, 데이터 보관 및 데이터의 무기명화 과정, 데이터를 공유할 대상, 데이터 보안상태, 정부 기관이 데이터를 원할 경우 어떻게 대처할 지에 대한 문제 등을 권고 하고 있다.

특히 FAA 의 권고안은 데이터 보안에 대한 문제를 매우 심도 있게 다루고 있다. 드론과 드론 조종사간의 커뮤니케이션이 해킹된다면 무인 드론이 상용화 되었을 경우 (예, 드론 배송 서비스) 치명적인 문제를 야기할 수 있을 것이다. 카메라가 달린 드론의 경우 화면이 녹화 되는 상태에서 보안에 문제가 생기면 개인의 프라이버시를 침해 할 수 있는 문제가 생길 수 있기 때문에 FAA는 보안에 대한 문제를 보다 매우 심각하게 생각하고 있다. 이에 따른 권고 안은 드론 운행자는 피 촬영자가 어느 정도의 프라이버시를 기대하고 있다는 예상의 하여야하고, 특별한 이유가 없는 이상 개인에 대한 연속된 촬영이나 데이터 수집을 하지 말아야 하며, 개인의 사유재산에 대한 데이터 수집을 동의 없이 하지 않으며, 수집한 데이터를 불필요하게 오랜 기간 보관하지 않으며, 피 촬영자가 원할 경우 데이터 삭제 요청을 할 수 있도록 드론 운영자의 연락처를 쉽게 찾을 수 있게 해 놓아야한다고 이야기하고 있다. 또한, 드론 운행으로 수집한 데이터를 피 촬영자의 동의 없이 노동자 고용관련, 금융 신용 관련, 의료관련등과 관련해서 사용할 수 없고, 데이터 보안에 각별한 주의를 하여야하고, 데이터가 공공의 장 (예, 인터넷 동영상 사이트)에 나오는 것을 최대한 주의 해야하고, 드론으로 촬영된 내용을 가지고 통계를 내는 것에 대한 규정은 없지만 드론으로 촬영된 내용을 프로모션에 사용하는 것을 회피해야 한다고 권고하고 있다.

만약 드론 운행자가 상업용으로 수집한 데이터를 사용해야 할 경우, 피 촬영자로부터 데이터 사용, 보관, 전파 및 데이터의 사이즈, 데이터의 민감성 등을 포함한 동의서에 서명을 받아 놓을 것을 권고한다. 그리고, 데이터 보안에 각별한 주의를 가해야 한다고 권고하고 있다.

앞에서 이야기한 드론을 사용한 뉴스 클립에 대한 것도 FAA의 권고 사항에 포함되어 있지만, 사안의 복잡성 때문에 그리 많은 지면을 할애하지 않고 있으며 단순히 뉴스 보도는 언론사의 보도 지침을 따를 것을 짧게 기술하고 있다.

(2) 주파수 관련 규제

미국 연방 통신 위원회 (Federal Communication Commission, FCC) 무선으로 조종되는 장난감 자동차, 취미용 헬리콥터 나 비행기 등은 27 MHz 나 49 MHz 주파수 대를 사용허가 하고 있으며 50에서 53 MHz는 햄 라디오 같은 통신에 사용할 수 있도록 허락하고 있다.[54] 물론, 군사용 드론들은 미국 정부의 허가아래 다양한 종류의 주파수 대를 드론 조종과 비디오 전송에 쓰고 있으면 인공위성을 이용한 넓은 면적에서 드론을 조종할 수 있다.

상업용 및 취미용 드론들은 2.4 GHZ 나 5.8GHZ 의 주파수를 드론 조정과 비디오 수신에 쓰고 있다. 이러한 주파수 대역은 낮은 주파수 대보다는 장애물을 통과하는 능력이 떨어지고 조정 반경이 작지만, 주파수 대역에 쓸 수 있는 채널의 양이 많기 때문에 보다 많은 드론이 근거리에서 작동할 경우 주파수 사용 혼선이 일어날 가능성이 취미용 27 MHz 나 49 MHz 주파수 대보다 적다. 하지만, 이러한 주파수대는 일반 Wifi 의 IEEE 802.11 주파수대와 같기 때문에 wifi를 쓰는 기기들과 혼선이 일어날 수 있다.

이처럼 2.4 GHZ 나 5.8GHZ 대역의 주파수를 쓰는 드론은 연방 통신위원회의 허가 하에 쓰는 상업용 주파수이기 때문에 규제를 받지 않고 마음대로 사용할 수 있는 것이다. 하지만, 이러한 주파수대가 주위에 다른 wifi 사용 기기가 있을 경우나 비디오 전송을 같은 주파수대로 하는 경우 드론의 조정에 큰 영향을 미칠 수 가 있다. 예를 들면, 드론으로 비디오 촬영시 카메라 (예, GoPro 카메라) 같은 2.4 GHZ wifi 대역으로 비디오는 전송하는 경우, 드론의 조정이 마비되는 경우가 많다. 하지만, 이러한 문제는 규제의 문제라기 보다는 무인 조정기의 사용과 비디오 전송방법을 숙지함으로서 극복될 수 있는 문제라고 볼 수 있다. 일반적으로 주파수간의 간섭을 피하기 위해 비디오 전송과 드론 조정의 주파수를 다르게 사용하는데, 2.4 GHZ wifi 대역은 비디오 전송으로 사용하고 5.8GHZ wifi 대역은 드론을 조정하는데 사용하고 있다.

CHAPTER 4

대중의 드론에 대한 인식

일반 대중들은 드론에 대하여 어떻게 생각하고 있을까? 2015년 한국행정연구원에서는 「안전사각지대 발굴 및 효과적 관리 방안 연구」를 통하여 전반적 위험에 대한 국민인식과 함께 드론과 무인차에 대한 국민인식과 위험지각(risk perception)을 조사했다. 이 조사는 한국인들이 다양한 위험에 대하여 어떻게 인식하고 있는지가 목적이었고, 이 중 새로운 미래 기술위험으로서, 그리고 성장동력으로서 드론을 어떻게 인식하고 있는지를 조사한 것이었다. 물론 조사의 목적이 전반적 위험에 대한 인식이었기 때문에 그 드론의 위험성을 과대평가할 가능성이 있지만, 그럼에도 불구하고 새로운 기술로서 드론에 대한 국민인식을 조사한 결과로서 의의가 있다. 이와 함께 미국에서 수행한 유사한 조사 결과를 함께 제시하여 전세계적 상황에 대한 단서를 얻고자 했다.

이 조사에서 수행한 드론에 대한 설문 내용과 질문지는 다음과 같다.

[드론의 편리성, 규제 완화·강화 의견, 남북분단과 드론 사용, 프라이버시 침해 우려에 대한 의견]

주 장	전혀 동의하지 않음	별로 동의하지 않음	중립	어느 정도 동의함	매우 동의함
IV-10 최근 다양한 용도의 드론(무인비행 시스템)이 개발되어 사용되고 있다. 아래 드론에 관한 주장에 얼마나 동의하시나요?					
① 미래에 유망한 기술로서, 우리사회를 더욱 편리하게 만들 것이다.	1	2	3	4	5
② 드론의 산업적 가치는 매우 크기 때문에 규제를 완화해야 한다.	1	2	3	4	5
③ 드론은 위험한 기술이기 때문에 보다 강력한 규제가 필요하다.	1	2	3	4	5
④ 남북분단 상황에 있는 우리나라에서의 드론 사용은 엄격히 규제해야 한다.	1	2	3	4	5
⑤ 미래가 유망한 기술이지만 개인의 프라이버시가 침해되지 않게 규제해야한다.	1	2	3	4	5

이 조사는 전국의 만 15세 이상 성인 남녀를 대상으로 하고 있으며, 전체 표본의 크기는 2,230명이었다. 표본추출은 단순무작위추출(Simple random sampling)을 사용하였다. 이 조사의 표본오차는 ±2.08%, 신뢰수준은 95%이다. 조사는 위의 표와 같이 구조화된 설문지(Structured Questionnaire)를 활용한 온라인 설문조사 방식으로 수행되었다. 설문 응답 중 불성실한 응답으로 판단되는 항목들을 제외하고 1,739명을 유효 표본으로 사용하여 분석을 실시했다.

분석 결과는 다음과 같다.

이 조사는 총 5점 척도로 측정되었으며, 점수가 클수록 그 주장에 동의한다는 것이다. 미래 기술로서 드론의 유용성에 동의한다는 의견은 3.66으로 비교적 높은 편으로 나타났다.

한편, 많은 국민들은 드론의 위험성에 대한 우려를 표명했고, 전반적 규제강화의 필요성에 동의했다(3.6). 특히 프라이버시 침해 문제(4.07)에 대하여 가장 민감한 반응을 보였으며, 남북분단 상황에서 드론에 의한 안보 위협 문제에도 우려를 나타냈다(3.39). 반면 산업적 가치를 고려한 규제 완화에 대해서도 긍정적 의견이 높은 편이었지만(3.15), 이는 규제 강화의 필요성에 대한 의견보다 낮은 점수를 나타냈다.

이러한 의견을 종합하면 우리나라 국민들의 드론에 대한 종합적 인식은 "드론은 미래 유망 기술로서 중요하지만, 프라이버시 및 안보 문제에 대한 규제 강화가 필요하다는 의견이 높다"고 정리할 수 있다. 그러나 앞서 언급한 데로 본 조사가 우리나라의 전반적 위험성에 대한 조사의 일부로 수행되었기 때문에 응답자들이 안전성 강화를 중요하게 판단하는 편향성이 발생했을 가능성도 있다. 그럼에도 불구하고 우리나라 국민들은 드론에 의한 프라이버시 침해 문제 및 남북분단 상황에서 드론에 의한 안보 문제에 대한 우려감이 있는 것을 확인할 수 있다.

드론에 대한 국민인식

참고문헌

국내문헌

강정수 (2015). 〈미국과 유럽, 드론 산업정책과 규제정책에서 서로 다른 길을 걷다〉, 이슈&트렌트 2015년 5월, 한국인터넷진흥원.

국토교통부 (2012). 〈토지의 지하 및 공중공간 등에 대한 보상기준에 관한 연구〉.

김신 (2015). 〈유사행정규제의 개선방안에 관한 연구〉, 한국행정연구원.

김은성 (2010). 〈사전예방원칙의 정책타당성 분석 및 제도화 방안〉, 한국행정연구원.

김중수 (2015). 드론의 활용과 안전 확보를 위한 항공법상 법적 규제에 관한 고찰, 〈법학논총〉, 39(3), p.267-298.

김태윤 · 김준모 · 김미승 (1999). 〈규제대안연구〉, 한국행정연구원.

박재옥 (2002). 〈미국의 인간복제금지법안〉, 법제 79.

방경식 (2011). 〈부동산용어사전〉, 부연사, 국토교통부(2012, p.10)에서 재인용.

윤기웅 (2015). 미래형 위험의 식별 및 관리

이주연 (2012). 구글 스트리트뷰와 개인정보 보호법, 〈정보법학〉, 16(3).

전광백 (2011). 프라이버시의 침해 : 우리나라와 미국 판례를 중심으로, 〈법학연구〉, 14(1), p.125.

정지범 (2014). 〈안전사회 실현을 위한 국가통계 관리실태 및 개선방안 연구〉, 한국행정연구원, p.230

정지범 (2015). 〈안전사각지대 발굴 및 효과적 관리 방안 연구〉, 한국행정연구원.

환경부 (2014). 〈통합 환경관리제도 도입〉, 환경부 홍보 브로서.

ZERO MOTION (2015). 무인항공촬영 운영지침.

국외문헌

Jenks, C. (2015). State labs of federalism and law enforcement "drone" use. Washington and Lee Law Review, 72(3), p.1389-1431.

Mclyntire, K. (2015). How current Law might apply to drone journalism. Newspaper Research Journal, 36(2). p.158-169.

기사

국내 첫 드론 경기장 용인 'DJI 아레나' 공개, 〈동아경제〉, 2016.08.17.

'드론 전용' 주파수 새로 생긴다… 뭐가 좋아지나, 〈디지털타임즈〉, 2015.12.30.

드론, 송전탑 12배 줌 촬영…3명이 하루 할 일 1시간에 끝, 〈중앙일보〉, 2016.08.23.

미국 드론 대중화에 공중 소유권 논란, 〈서울경제〉, 2015.05.14.

일본, 드론 전용 주파수 할당..출력규제도 완화, 〈전자신문〉, 2015.12.30.

최성현, [기고]드론, 안전한 사용을 위한 전파 바로 알기, 〈전자신문〉, 2015.11.11.

웹문서

국토부 드론 리플렛

http://www.molit.go.kr/USR/policyTarget/m_24066/dtl.jsp?idx=584

국토부 무인비행장치 관련 Q&A

http://www.molit.go.kr/USR/policyTarget/m_24066/dtl.jsp?idx=584

드론 안전성인증 절차

http://www.ts2020.kr/html/nsi/sii/USIInspectMethod.do

드론을 통한 산불 감시 및 야생동물 개체 수 기록 예시 자료

http://www.thehindu.com/news/national/drones-to-guard-indias-forests-and-wildlife/article6286830.ece

미국 연방항공청(Federal Aviation Administration)

https://www.faa.gov/uas/

최대 드론 업체인 중국의 DJI사가 Skyfund로부터 투자 받은 자료

http://bits.blogs.nytimes.com/2015/05/27/dji-and-accel-form-drone-investment-fund/?_r=0

http://www.bgskateclub.org/wordPress/?p=2166

http://www.digikey.com/en/articles/techzone/2015/jan/rf-links-for-civilian-drones)

http://www.inquisitr.com/1764495/military-drone-pilot-shortage-critical/

http://www.ntia.doc.gov/files/ntia/publications/voluntary_best_practices_for_uas_privacy_transparency_and_accountability_0.pdf

법률관련문헌

http://caselaw.findlaw.com/us-9th-circuit/1003103.html

http://content.time.com/time/business/article/0,8599,1631957-1,00.html

http://law.justia.com/cases/colorado/supreme-court/1994/93sc339-0.html

http://openjurist.org/721/f2d/506/wehling-v-columbia-broadcasting-system

http://www.rcfp.org/photographers-guide-privacy/california

https://lawclassolemiss.wordpress.com/2010/04/07/dietemann-v-time-inc-1971/

https://www.oyez.org/cases/1985/84-1259

https://www.oyez.org/cases/1985/84-1513

https://www.rcfp.org/browse-media-law-resources/news/flight-attendant-loses-invasion-privacy-appeal-against-abc

미주

1) 이 장은 임종수 (2017). 영상 드론의 운동성과 보기 양식에 관한 소고, 〈커뮤니케이션이론〉 13 권 3호, 50-85를 참고한 것입니다.

2) 원래 자동력은 유기체가 자체 내 신진대사 에너지를 이용해 독립적으로 움직이는 능력을 말한 다. 세포 분열 운동, 편모 운동 등 자율운동(autonomous move)이 대표적이다. 운동의 힘은 주 로 유전적으로 결정되지만 환경적 요인에 의해서도 영향을 받는다. 드론에 자동력 개념을 적용 하는 것은 드론 스스로 높은 수준의 유기체적 자동력을 지녀서기 보다 드론의 기계적 배치와 운 동적 배치(이는 유기체의 유전적 힘을 상징할 수 있다), 그리고 입력되거나 통제된 접속수행의 일이 드론으로 하여금 자동력이라 할 수 있는 범주로 볼 수 있게 해 주기 때문이다. 자율주행차 (autonomous car) 역시 갖가지 기계적 배치와 자동차-환경 간의 운동적 배치로 주행이라는 일 을 자율적으로 수행해낸다.

3) http://m.post.naver.com/viewer/postView.nhn?volumeNo=5378174&memberNo=2493468

4) 드론을 비행체라 하지 않고 운동체라 하는 것은 드론이 반드시 비행만을 수행하는 것이 아니기 때문이다. 바닥을 달리거나 벽 혹은 천장을 타는 드론, 심지어 물 속에서 헤엄치는 드론도 있다. 이렇게 다양하게 분화된 무인 운동체를 다같이 '드론'이라고 명명하고 있다. 그렇게 보면 무인 자동차도 드론의 범주에 들 수 있다. 이에 대한 찬반이 있는 것이 사실이지만, 적어도 자동차처 럼 기존의 명칭이 있었던 것과 달리 물속이나 벽면, 천장 등을 다니는 운동체에 대해서만큼은 드론이 용어사용의 선점을 누리고 있음에 틀림없어 보인다.

5) 이 장은 임종수 (2017). 영상 드론의 운동성과 보기 양식에 관한 소고, 〈커뮤니케이션이론〉 13 권 3호, 50-85와 임종수 · 이소현 (2018). 드론영상의 보기양식과 하이퍼 리얼리티 연구. 〈방송 문화연구〉, 30권 2호, 73-109를 참고한 것입니다.

6) https://www.faa.gov/uas/media/Part_107_Summary.pdf

7) 미국에서 드론을 물류활동으로 활용한 것도 2015년 무렵부터이다. 2015년 7월 18일 버지니아주 어느 농촌보건소에 의료물품을 배달한 것이 연방정부의 허가 하에서 드론을 운용한 첫 사례로 꼽힌다(Vanian, 2015). 상업적으로는 2016년 7월11일 미국 네바다 주 리노(Reno)시의 한 편의점 이 1.6km 떨어진 가정집에 샌드위치와 커피 등을 배달하는 것으로 첫 서막을 열었다(Liptak, 2016). 시범 서비스가 아니라 본격적인 상업적 활용의 첫 사례이다.

8) http://news.kbs.co.kr/news/view.do?ncd=2383429

9) 이 작업은 사진적 예술이라는 현대사진의 정신을 개척한 알프레드 스티글리츠(Alfred Stieglitz,

1864~1946)가 이끈 Camera Work를 중심으로 이뤄졌다. 스티글리츠의 작업은 이전의 회화적 사진으로부터 벗어나 독자적인 사진예술을 지향한다고 하여 사진분리파(Photo-Sesseion Group) 운동(1902-1917)이라고도 한다. 이 저널은 초기에는 실험적 사진영상을 소개하다가 1910년경에 이르러 사진과 회화에 관한 영상이론과 방법론을 다루는 장으로 변모했다.

10) 하지만 아이러니하게도, 인간 시각의 지평을 넓혀준 시각기계는 오히려 명약관화할 것으로 보았던 인간 육안의 봄(seeing)을 불신케 했다. 우리가 진실이고 사실이라고 생각하는 것들은 대개 인간의 눈으로는 볼 수 없는 것이다. 그것은 오히려 과학자들이 그런 것처럼 망원경이나 현미경과 같은 시각기계에 의해 포착될 때만이 유효하다. 실제로 단순한 육안적 목격은 촬영에 비해 법정에서 신뢰할만한 '사실'이 아니다. 육안으로 본다는 것은 본명 명약관화한 것처럼 보이지만 그러한 봄은 늘 우리를 배신할 위험성을 내포하고 있다. 믿을 수 있는 것은 시각기계로 채집된 것으로 한정된다(그럼에도 시각 표현의 다양한 발전으로 말미암아 채집과정의 진실성을 증명해야 하는 문제가 점점 더 중요해지고 있다).

11) 국어국문학사전(1998) : 시나리오라는 말은 영어의 이탈리어의 scena에서 유래한 것으로, 16세기 이탈리아의 즉흥희극 코메디아 델라르테(Commedia dell'arte)에서 주연자가 극의 줄거리와 배우의 소임, 각 장면의 기본적인 진행 등을 메모하여 공연 참고자료로 쓰게 되면서부터 생겨난 것이라고 한다.

12) 위키백과사전 : screenplays can be original works or adaptations from existing pieces of writing. In them, the movement, actions, expression, and dialogues of the characters are also narrated. A screenplay written for television is also known as a teleplay.

13) Gaspard-Felix Tournachon (1820-1910) : 두산백과사전 , 미술대사전.

14) Hirobo (1949~) : 일본 무인헬기 제조업체 https://en.wikipedia.org/wiki/Hirobo

15) Yamaha Motor Company (1955~) 각종 모터 전문 생산업체
https://en.wikipedia.org/wiki/Yamaha_ Motor_Company

16) 위키백과 : A multirotor or multicopter is a rotorcraft with more than two rotors. An advantage of multirotor aircraft is the simpler rotor mechanics required for flight control. Unlike single- and double-rotor helicopters which use complex variable pitch rotors whose pitch varies as the blade rotates for flight stability and control, multirotors often use fixed-pitch blades; control of vehicle motion is achieved by varying the relative speed of each rotor to change the thrust and torque produced by each.

17) 위키백과 : Dà-Jiāng Innovations Science and Technology Co., Ltd (Chinese: 大疆创新科技有限公司; doing business as DJI) is a Chinese technology company headquartered in Shenzhen, Guangdong. It manufactures unmanned aerial vehicles (UAV), also known as drones, for aerial photography and videography, gimbals, flight platforms, cameras, propulsion systems, camera stabilizers, and flight controllers.

18) 위키백과 : Brushless DC electric motor also known as electronically commutated motors (ECMs, EC motors) are synchronous motors that are powered by a DC electric source via an integrated inverter/switching power supply, which produces an AC electric signal to drive the motor. In this context, AC, alternating current, does not imply a sinusoidal waveform,

but rather a bi-directional current with no restriction on waveform. Additional sensors and electronics control the inverter output amplitude and waveform (and therefore percent of DC bus usage/efficiency) and frequency (i.e. rotor speed). he rotor part of a brushless motor is often a permanent magnet synchronous motor, but can also be a switched reluctance motor, or induction motor[citation needed]. Brushless motors may be described as stepper motors; however, the term "stepper motor" tends to be used for motors that are designed specifically to be operated in a mode where they are frequently stopped with the rotor in a defined angular position. This page describes more general brushless motor principles, though there is overlap. Two key performance parameters of brushless DC motors are the motor constants Kv and Km

19) 위키백과 : A gimbal is a pivoted support that allows the rotation of an object about a single axis. A set of three gimbals, one mounted on the other with orthogonal pivot axes, may be used to allow an object mounted on the innermost gimbal to remain independent of the rotation of its support (e.g. vertical in the first animation). For example, on a ship: the gyroscopes, shipboard compasses, stoves, and even drink holders typically use gimbals to keep them upright with respect to the horizon despite the ship's pitching and rolling.

20) 헬리캠(helicam)은 helicopter와 camera의 합성어로서, 사람이 접근하기 어려운 곳을 촬영하기 위한 소형 무인 헬기로 본체에 카메라를 장착하고 있으며 리모콘 컨트롤러를 사용해 원격으로 무선 조종할 수 있다. 일반적으로, 헬리캠을 카메라가 달린 멀티콥터(멀티로터)형 드론이라고 생각하는 경우가 많으나 반드시 드론에만 해당되는 것은 아니며, 드론이 대중화되기 이전에는 무선조종 헬리콥터(RC헬리콥터) 등에 카메라를 장착해 왔다.

21) 지미집(영어: Jimmy Jib)은 크레인과 같은 구조 끝에 카메라가 설치되어 있으며 리모컨으로 촬영을 조정할 수 있는 무인 카메라이다. 일반 카메라보다 지미집을 이용하면 더 생동감이 있어서 근래 많이 사용되고 있다. 1.8m 기본형 약 8,335.00 $ ~ 12m 16,880.00$ 까지의 가격이 있다.

22) 2015년 5월 6일 규제개혁장관회의에서 박근혜 대통령은 규제개혁을 지시하면서 규제를 "쳐부숴야 될 암덩어리"로 묘사함.

23) 우리나라도 행정규제기본법(제4조)에 따라 "행정기관은 법률에 근거하지 아니한 규제로 국민의 권리를 제한하거나 의무를 부과할 수 없다"고 규정하고 있다.

24) 킬스위치(kill switch)는 휴대폰의 도난을 예방하고, 도난시 개인정보 누출 피해를 줄이기 위한 기술이다. 킬스위치는 휴대폰을 "분실했거나 도난당했을 때 원격 제어 및 사용자 설정 변경을 통해" 기기를 "사용할 수 없는 상태로 만들어 버리는 도난 방지 소프트웨어"이다(김재섭, 2014). 킬스위치 기능이 적용된 아이폰의 경우 기능 적용후 샌프란시스코에서 아이폰 강도가 38% 감소했다고 보고되었다(이호준, 2014). 이러한 효과가 인정되면서 우리나라에서도 미래창조과학부는 2014년 4월 11일 "공식 출시되는 삼성전자 '갤럭시S5'부터 모든 스마트폰에 '킬 스위치' 기능이 기본 탑재된다"고 밝혔다(김재섭, 2014).

25) 드론과 조종자 간의 통신이 끊기거나 불안정할 경우 드론이 GPS 신호를 이용하여 처음 출발한 위치로 자동적으로 돌아오게 하는 기능.

26) 위험물질에 대한 리스트를 만들고, 위험정도 · 대체물질의 존재여부 · 사회적 필요성에 따라 우선순위를 설정하여 위험물질의 사용을 시간을 두고 단계적으로 축소하는(phase out) 정책(김은

성, 2010, p.44).

27) 2001년 행정명령 13237에 의해서 설치된 대통령 직속의 윤리위원회(the President's Council on Bioethics)로서 총 18명의 위원으로 구성되었고, 주요 역할은 "① 배아 및 줄기세포연구, 보조생식, 복제, 인간유전자 또는 신경과학으로부터 추출된 지식과 기술들의 사용, 말기생명에 관한 쟁점 등 구체적이고 기술적 활동들과 관련된 윤리적 쟁점연구, ② 연구에 있어서 인간검체의 보호에 관한 의문점들, 생명의료기술의 적절한 사용, 생명의료기술의 도덕적 함의, 과학연구의 제한의 결과 등과 같은 구체적 기술에 얽매이지 않는 더 넓은 윤리적·사회적 이슈들을 연구"였다 (이인영 외, 2008, p.7).

28) 한계심도라 함은 토지소유자의 통상적 이용행위가 예상되지 않으며, 지하시설물 설치로 인하여 일반적인 토지이용에 지장이 없는 것으로 판단되는 깊이로 정의되고 있으며(서울특별시 도시철도의 건설을 위한 지하부분 토지사용에 따른 보상기준에 관한 조례 제2조제4호)

29) 대심도 지하공간은 "토지소유자의 통상적 이용행위가 예상되지 않는 지하의 일정깊이 아래에 위치하는 심도 공간"이라 할 수 있다 (국토해양부·한국교통연구원, 철도 관련 법제 개선 연구 , 2009, 191면).

30) 「개인정보 보호법」의 제정으로 「공공기관의 개인정보보호에 관한 법률」은 폐지되었고, 「정보통신망 이용촉진 및 정보 보호 등에 관한 법률」은 「정보통신망 이용촉진 등에 관한 법률」로 개정되었다.

31) 「개인정보 보호법」 제2조 제5호에서는 개인정보처리자를 "업무를 목적으로 개인정보파일을 운용하기 위하여 스스로 또는 다른 사람을 통하여 개인정보를 처리하는 공공기관, 법인, 단체 및 개인 등"으로 정의하고 있고, 개인정보처리자는 동법 제3조에 따라 "개인정보 보호법의 적용을 받아 개인정보를 보호할 의무를 부담"해야 한다.

32) 구글의 위성지도는 우리나라뿐만 아니라 세계 다른 나라들에서도 유사한 논쟁들을 불러왔다.

33) 일반적으로 무선이동통신사업자(휴대폰 통신사)들의 경우에는 안정적인 서비스의 공급을 위해 특정 주파수 대역을 독점적으로 사용해야 한다. 이를 위해 통신사들은 수천억원을 주파수 사용권 구입을 위해 정부에 지불하고 있다. 그러나 비면허 대역은 누구나 일정 기준을 만족하면 사용할 수 있으며, 따라서 혼선이 발생하는 등 서비스의 안정성이 떨어진다.

34) http://bits.blogs.nytimes.com/2015/05/27/dji-and-accel-form-drone-investment-fund/?_r=0 (2015년 10월 8일 접속).

35) https://shop.gopro.com/karma

36) 한국의 경우 이미 송전탑 점검에 드론이 사용되고 있으면 비용 및 시간 절감과 위험 감소라는 두 가지 토끼를 모두 잡을 수 있다가 보도되고 있다.
(http://news.joins.com/article/20489693)

37) http://www.thehindu.com/news/national/drones-to-guard-indias-forests-and-wildlife/article6286830.ece

38) 중국의 DJI 사는 한국에 드론 레이싱 전문 실내 비행장을 최근 개관하였다.
http://economy.donga.com/home/3/all/20160816/79798272/2

39) http://www.inquisitr.com/1764495/military-drone-pilot-shortage-critical/

40) http://www.bgskateclub.org/wordPress/?p=2166

41) https://www.faa.gov/uas/

42) http://openjurist.org/721/f2d/506/wehling-v-columbia-broadcasting-system

43) http://www.rcfp.org/photographers-guide-privacy/california

44) http://content.time.com/time/business/article/0,8599,1631957-1,00.html

45) https://lawclassolemiss.wordpress.com/2010/04/07/dietemann-v-time-inc-1971/

46) Mclyntire, K. (2015). How current Law might apply to drone journalism. Newspaper Research Journal, 36(2). 158-169.

47) http://caselaw.findlaw.com/us-9th-circuit/1003103.html

48) https://www.rcfp.org/browse-media-law-resources/news/flight-attendant-loses-invasion-privacy-appeal-against-abc

49) Jenks, C. (2015). State labs of federalism and law enforcement "drone" use. Washington and Lee Law Review, 72(3), 1389 – 1431.

50) https://www.oyez.org/cases/1985/84-1259

51) https://www.oyez.org/cases/1985/84-1513

52) http://law.justia.com/cases/colorado/supreme-court/1994/93sc339-0.html

53) http://www.ntia.doc.gov/files/ntia/publications/voluntary_best_practices_for_uas_privacy_transparency_and_accountability_0.pdf

54) http://www.digikey.com/en/articles/techzone/2015/jan/rf-links-for-civilian-drones)

드론 촬영의 이해 – 이론, 실전, 법제

1판 1쇄 인쇄 2019년 01월 05일
1판 1쇄 발행 2019년 01월 15일
저　　자 임종수, 유창범, 정지범, 윤기웅
발 행 인 이범만
발 행 처 **21세기사** (제406-00015호)
　　　　　경기도 파주시 산남로 72-16 (10882)
　　　　　Tel. 031-942-7861　　　Fax. 031-942-7864
　　　　　E-mail : 21cbook@naver.com
　　　　　Home-page : www.21cbook.co.kr
　　　　　ISBN 978-89-8468-648-9

정가 20,000원